U0397006

AMERICAN VERNACULAR ARCHITECTURES

[美] 约翰·迪克逊 (John Dixon) / 编

付云伍 / 译

美国本土建筑

森特布鲁克事务所作品集

广西师范大学出版社
·桂林·

images
Publishing

图书在版编目(CIP)数据

美国本土建筑：森特布鲁克事务所作品集／(美)约翰·狄克逊(John Dixon)编;付云伍译. —桂林：广西师范大学出版社，2017.7
ISBN 978 - 7 - 5495 - 9875 - 5

Ⅰ. ①美… Ⅱ. ①约… ②付… Ⅲ. ①建筑设计-作品集-美国-现代 Ⅳ. ①TU206

中国版本图书馆 CIP 数据核字(2017)第 134681 号

出 品 人：刘广汉
责任编辑：肖　莉　季　慧
版式设计：吴　迪

广西师范大学出版社出版发行

(广西桂林市中华路 22 号　　邮政编码：541001)
(网址：http://www.bbtpress.com)

出版人：张艺兵
全国新华书店经销
销售热线：021 - 31260822 - 882/883
恒美印务(广州)有限公司印刷
(广州市南沙区环市大道南路 334 号　邮政编码：511458)
开本：787mm×1 092mm　　1/8
印张：54.5　　　　　　字数：90 千字
2017 年 7 月第 1 版　　2017 年 7 月第 1 次印刷
定价：388.00 元

目录

前言

建筑师如何才能在工作中取得卓越的成就？仅凭坚持特有的风格样式是难以做到的，也不是单单通过功能上的高效性、结构的稳定性和耐用性就能实现的。衡量一个建筑是否优秀的真正尺度是看它如何为用户发挥效能；如何让住在里面的人对这个空间感到满意；如何向那些正在外部或内部体验和感受它的人们表达自己的使命；如何与周边的开放空间和其他建筑相互感应、协调一致地融合在一起。

森特布鲁克的合作伙伴们从不墨守成规，也不会走向另一个极端——去极力追求惊艳的风格。他们正在保护和扩展他们自身的传统和遗产，致力于美国本土建筑设计，这具有很强的针对性，且在今天显得尤为重要。他们分享着一整套由已故建筑教育家查尔斯·摩尔开创的建筑理念和建筑实践——在 20 世纪 70 年代事务初创之时，摩尔也是合作伙伴之一。

摩尔鼓励学生以及与他共同进行建筑实践的人们大胆寻找各种先例，不必受到 20 世纪盛行的现代运动思想的束缚。不断地从早期历史中吸取经验教训，并且从他们职业范围之外的流行建筑和装饰中博采众长。他引导伙伴们去思考那些并非建筑师的大众通过对建筑的体验而提出的期望和感受，他认为这一点至关重要。

森特布鲁克目前的工作基于最初的合作伙伴们创立的设计先例之上，但是在今天，事务所的任何成员都不会觉得遵从先例是建筑师的义务。根据一个项目的特定用途和地点，它可能在很大程度上要遵循历史模型，但是设计师绝不盲从，而是以不同的程度去体现现代主义的推动力。森特布鲁克从不制造无视环境并与之对立的作品。

森特布鲁克事务所的作品都是基于建筑所在的特定地点以及它在那里所发挥的作用而进行设计的。本书中记录的建筑遍布美国 17 个州，在形式和材料的运用范围上也十分广泛，充分体现出了当代美国本土建筑的特色。从中可以看到众多的空间概念和意象表达手法，而不是通过任何牵强附会的尝试去体现"该地区的特色"。

多年来，我一直为能够结识摩尔和这些伙伴而感到荣幸。与摩尔一样，事务所现在的领导者们都非常忙碌，但是他们却很少表现出业界普遍存在的巨大压力和焦虑。在从老客户身上盈利的过程中，他们寻找时间去欣赏完成的设计，与房主和客户保持密切联系，并搜集他们对项目的反馈意见。他们还会花费时间考察和学习其他事务所以及其他时代的建筑特点和经验。他们似乎永远不知疲倦，与家人和朋友一起享受着工作的快乐。

几年前，我有幸与他们合作编写《森特布鲁克的热情》一书，书中详细记述了他们创造的范围极其广泛的迷人作品，从新英格兰的农场建筑到运动球队的场地；从硬件的存储设施到印度的庆典场所，一应俱全。通过范围广泛的细致观察，他们提出了众多独到的见解，并将其精心应用到设计之中，为那些欣赏他们设计方法和设计成果的客户提供周到的服务。

正如随后的介绍内容中所说，森特布鲁克的结构有些类似一个被四家公司分享的舒适建筑，但又不完全如此。四个合作伙伴的工作得益于作为一个整体机构的合作经营。他们共享一个精干、稳定的设计团队，这个团队为他们的工作提供了各种至关重要的专业知识与技能。尽管并不需要获得同伴的认可和批准，可他们还是从工作中非正式的相互监督中受益匪浅。在互相支持帮助却又独立自由的设计氛围中，他们沉浸在自己创造的建筑中，享受着无穷无尽的乐趣。

约翰·莫里斯·迪克逊，FAIA

介绍

本书不只是一部介绍建筑事务所项目的专著。在书中，森特布鲁克事务所的合作伙伴们（杰弗逊·莱利、马克·西蒙、查德·弗洛伊德和吉姆·切尔德里斯）摆脱了枯燥乏味的专著模式，以轻松活泼的方式展示了我们在过去15年创作的美国本土建筑作品，并揭示了隐藏在背后的设计构思。

我们的前三部书或多或少的都是以集体创作的形式来介绍作品的。而这一次，我们则是以每位合作伙伴单独提供素材的方式进行编撰。每人分别在长达96页的篇幅中展示了项目的照片、图纸，还有关于灵感、引用和设计目标的浅显易懂的说明文字。读者可以根据它们来公正地评判这些作品。

我们相信这样做是适合时宜的，因为这是我们的第四部书，也是在我们彼此合作的第四个十年行将结束的时候编撰的，我们这四种不同的工作方式也应该公之于众了。40年来，我们一直坚持这样的组织形式，这使得我们可以在同一个屋檐下以各具特色的方式去尽情挥洒创作的激情。这与大多数事务所略有不同，合作伙伴的分工明确，各自承担着不同的角色，诸如经理、营销人员、设计师、等等，每天的工作也都很有规律，创造的作品更多是单一观点和构思的产物。而在森特布鲁克，我们每人都会去寻找和执行自己的项目，我们共享各种办公资源，并有幸共享一个才能出众的员工团队。但是除此之外，我们更多的是依赖自身的风格特点，从我们的作品中可见一斑。

森特布鲁克的合作伙伴们正在接受美国建筑师协会颁发的年度最佳事务所奖。人物从左至右：杰弗逊·莱利、比尔·格罗夫（退休）、查德·弗洛伊德、马克·西蒙、吉姆·切尔德里斯
下图：森特布鲁克的办公室坐落在一个建于19世纪的工厂内

同时，我们也有许多分享的时刻。我们在心灵上互相支持。我们彼此影响、彼此监督，我们志同道合，都喜欢思考。我们尊重传统，而不是有意去回避它，我们并不担心设计的作品与以前的建筑相像。我们致力于创建具有可持续的美国本土建筑，包括挽救和改善正在消失的土地和人们珍爱的美国城市风光。无论在校园还是城市，我们都尽力去缝合被人为撕裂和岁月摧残的伤口。在那些形成了本土特色建筑的地方唤起人们的关注，使其更加和谐、完善。我们认为建筑以及建筑之间的空间应该拥有舒适阴凉的场所去吸引人们就坐，还应该提供迷人的景色，成为独特的地标，表达特殊的意义，体现细微的礼节，孕育巨大的快乐，点燃心中的回忆，带来视觉的盛宴。

我们的方法存在着很多不同之处，因此，在我们的建筑中也存在很多差异。有些差异很

细微，有的则更少，在本书中可以看到一些这样的差异。长期以来，我们一直感受到彼此之间存在着一种温和而积极的良性竞争氛围。但是这种竞争精神，正是通过我们多年共事所产生的相互之间的友谊、敬佩、鼓励和智慧共同调和的。

从 1975 年的早期岁月开始，我们的这种合作形式就一直未变。那时的成员包括我们目前四人中的三个——杰弗逊、马克和查德，以及退休的比尔·格罗夫，还有已经去世的鲍勃·哈珀和格伦·阿伯尼斯。当时，他们从我们的导师——查尔斯·摩尔手中继承了森特布鲁克当地一座建于 19 世纪的工厂。查尔斯曾是耶鲁建筑学院的院长，因此，作为耶鲁的校友，我们现在四个合作伙伴当中的三人能够与他进行长久的合作。

顺时针方向：我们长满紫藤和景天属植物的屋顶花园；我们的成员聚集在事务所上层的绘图室；磨坊池塘的冰球赛；我们的家，1895 年

比尔也曾在耶鲁学习过建筑，他擅长经营，是一位管理型伙伴，以美国北方人特有的敏锐洞察力指导着我们的工作。鲍勃和格伦则来毕业于其他名校，在建筑施工技术方面造诣颇高。毕业于 RSID（罗德岛设计学院）的吉姆·切尔德里斯虽然从未做过查尔斯的学生，但是在 20 世纪 80 年代，他有过无数次的机会与查尔斯合作。因此，在本书中可以看到，我们四人在年轻时代深受查尔斯·摩尔非凡设计才能的神韵和自由思维模式的影响，这些影响至今仍然保持，并成为我们的设计特色。

1975 年，查尔斯在 UCLA（加州大学洛杉矶分校）包括提供飞机的头等舱等各种优厚条件的吸引下，前往加州南部就职。这使得我们原来的三人，以及后来的四人有机会开始经营这个事务所。从那时起，我们一直从中享受着无与伦比的快乐，也一直深怀对查尔斯的感激之情，是他让我们的事务所起步如此轻松。如今，查尔斯已经离去将近 25 年，但是我们对他的记忆依然清晰如故。

考虑到公路旁设有去往森特布鲁克村的路牌，而我们的办公地点正在那里，这也许会为我们提供一种免费的宣传。最终，我们决定将我们的事务所命名为森特布鲁克。我们知道，若想成功还有很多需要去做。当时我们发誓要把它经营发展成为顶级的专业事务所，在最高水平的经营管理下，让我们四人的设计才华各自绽放出耀眼的光芒。

从顶部顺时针方向：屋顶花园的野餐；我们从周围的环境中得到灵感和慰藉；冬季之中，我们事务所的前门；森特布鲁克不仅是我们的名字，也是这个乡村的名字，更是我们的家

当你想到其他创意团体的动力与活力时，比如乐队，就会对我们这种"独立"形式在建筑事务所中显示出的独特性有一个更为清晰的了解。有多少摇滚四人组合乐队的每一位成员都能写歌、演奏和演唱？应该不会很多。乐队通常都是以个人的能力与特长来分派每一个成员的角色。不必把我们比作甲壳虫乐队，但是在这个带有传奇色彩的乐队中，约翰和保罗承担了大部分歌曲的创作和主唱角色，但是，乔治却承担了吉他手的重任。在飞鹰乐队中，格伦·弗雷和唐·亨利也是大部分歌曲的创作者和主唱，但是，乔·沃尔什迷人的吉他即兴重复演奏却无人能够取代。与乐队不同，我们的目标是让每位成员都能成为建筑领域的多面手和全才，就像一个独资的业主所做的那样。此外，我们已经合作共事了40年，除了滚石乐队，还有哪支乐队可以做到呢？

我们的组成形式催生了一个作品丰富多彩的事务所，客户享受着合作伙伴兼设计师们提供的优质服务。在这里，工作人员具备的艺术、管理、技术和支持方面的专业知识和技能无穷无尽、应有尽有。你也许会问，我们四位合作伙伴这种特殊的组合方式对于成功有多重要？与摇滚乐队一样，每一名合作者都有着特殊的贡献。当然，如果我们其中的一位或者两位离开了这里，情况可能会有所改变，但这只能是逐渐的改变。因为森特布鲁克的工作人员和未来的领导者将会更加强大。他们当中的很多人已经与我们共同走过了将近30年的历程，他们不但军心稳定，并且储备了大量的经验，掌握并精通多样的建筑设计手段，为我们带来了巨大的回报。

我们的开放式工作室鼓励即兴合作

事实上，设计的多样性是森特布鲁克的一个重要标志，这也是与其他事务所的一个不同之处。他们的设计中充斥着窄幅的曲面、玻璃或者木料，还有尖塔。这一切看上去十分引人注目，但是却局限于建材的选择和细节的处理。相比之下，我们的设计更关注每一个建筑所处的位置与环境，从而使每个建筑都独具特色，彼此之间各不相同。这就意味着我们的员工必须掌握各种材料和风格样式的相关知识——这个要求似乎有些苛刻。

但是，这种对超凡脱俗的追寻正是森特布鲁克最强大的力量。这使得我们的作品具有象征意义，但是这种象征不属于我们，而属于我们的客户。为了做到这一点，我们实行了一种"自我淘汰"的方法，在设计中不断卸掉我们个人的设计感受形成的精神包袱，进而更好地去理解客户发出的信号。

贯穿于森特布鲁克工作中的另一个主题就是工艺。我们有幸拥有一个装备精良的车间，在那里，我们可以用手工制作各种物品。这里的设备是由工业设计师帕特里克·麦考利操作的，协助他的是精明能干的罗恩·坎贝尔，他曾经是一名职业承包商。除了制作模型、家具、实物模型和特殊的物件之外，我们的两位制作大师还掌管着森特布鲁克一个被称为"座椅工坊"的传统部门。被分成不同组别的员工在这里接受为期几个月的工艺制作培训之后，开始设计和制作属于他们自己的座椅，并由合作伙伴进行评审。在本书的末尾部分，有座椅工坊的详细介绍。现已退休的工作人员比尔·鲁坦是一位手艺精湛的工匠，他对座椅工坊的建立和运营起到了至关重要的作用。

我们在森特布鲁克制作各种物品，包括座椅、船模和小行星

查德·弗洛伊德，"蓝色的浴室"

马克·西蒙，"无极"

杰弗逊·莱利，"自然的呼唤"

吉姆·切尔德里斯，"大自然的答案"

在森特布鲁克，即使是浴室也难以逃过我们对独特事物的喜爱。每一个合作伙伴都要承担为员工和客户设计浴室的任务。结果，四间浴室以及它们的内部装饰和布局风情各异，彼此之间的差异达到了极致。

因此，在本书中，森特布鲁克的合作伙伴以不同的方式展示各自的特色：杰弗逊·莱利对于人性化的解读，马克·西蒙的艺术背景，查德·弗洛伊德关于隐喻的运用，吉姆·切尔德里斯的思考过程。你可以确信，这里所包含的思想和理念早已扩散到我们办公室的每一个角落。因此，这本书如同一扇窗户，透过它可以看到我们的内部世界，能更加全面地了解我们的工作，更加深刻地理解我们的本土建筑设计。

JEFFERSON RILEY

杰弗逊 · 莱利

人性化的呼唤

世人无不渴求随心所欲、宾至如归的感受，然而，在这个身不由己的时代，人们却日益感到无助和迷失。通过在技术文化中植入人文主义思想，以及在日趋同质化的世界里倡导自由与个性，我们是否可以求助于建筑来实现自我救赎？我认为我们可以做到，也应该做到。

要在建筑中重现人文主义思想，我们需要唤醒更多人的意识，而不是指手画脚的说教。在这字里行间之中表达出来的思想不仅仅属于我自己，而是属于每一个人。我在众多午餐会上绘制的这些人物素描，则意欲提醒人们在个性之中去发现无尽的快乐。

基于人性化设计建筑的重要法则：

· 令我们升华的谦逊之美，让我们感受到自己在神性计划中的价值。
· 一种归属感，我们的躯体和全部感官孕育形成于其中。
· 良好的社交性，满足我们在社会生活中最基本的需求。
· 亲近自然的设计，使我们与地球家园和谐共生。
· 肩负着社会责任，使共同的社会生活成为可能。

只有那些基于人性来进行的设计，不盲目追求时尚和技术潮流的建筑才会蕴含着真正的乐趣，才能对丰富多彩的世界兼收并蓄，才能涵盖我们为之设计的人物和地点独具的趣闻轶事。也只有这样富于变化的建筑才能成为魅力持久、深受喜爱的经典之作。

建筑师应当与艺术家和工匠以及设计师建立广泛的交流，从而为我们的时代开垦一片文化试验田。从中我们可以为客户和我们自身打造出各类艺术的全新统一体，并且能够在默默无闻、多余和冷漠的情感中重振日益脆弱的自我。

抽象并非建筑通用语言所必须的关键词，我们所需的一切是充分了解人类的本能和感知力，发掘通过快乐程度进行衡量的人性尺度，就像用尺寸测量物体一样精准。

以人为本的建筑有助于防止我们沉醉于下列文化现象：

· 导致消极并寻求虚拟世界而不是物质世界的满足感。
· 主要基于想象，胜过基于经验。
· 通过技术将人们与物质生活隔离。
· 过度的赞美。
· 屈从于设计者的自我意识，和他们常常令人困惑的布局结构和设计。
· 美感的丧失使我们变得枯燥乏味。

建筑并非总是要产生引人入胜并与其相关的全新审美观。相反，它的部分力量来自于思想观念的逐步演化。无需长篇大论的学术论文，通过整个躯体我们就能够感受到这些思想观念。

建筑不必刻意取悦年轻人，也不必追求前卫。为了获得灵感和启发，更依赖于丰富的经验、情感的共鸣、海纳百川的包容性以及快乐的探索和发现。

建筑就像一场芭蕾舞剧，时而宛若感人至深、超凡脱俗的诗篇，时而犹如精彩曼妙、趣味横生的故事。

建筑的力量不是源自于转瞬即逝的时尚和一时兴起的想法，而是来自于普通人类代代相传的智慧结晶。正如整个世界都处在新陈代谢之中，新的知识和方法总是不断被发现。我已倾注毕生的精力来理解和体会那些感动人类精神世界并推进整个生命体系发展的情感和普遍原理，然后将其运用于建筑的设计之中。

建筑魅力的七个层次

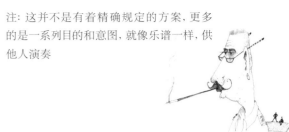

注: 这并不是有着精确规定的方案, 更多的是一系列目的和意图, 就像乐谱一样, 供他人演奏

1. 风格样式

最先吸引我们的, 往往是建筑的风格和样式。它们会受到以下几个方面的影响:

- 建筑的地点和气候特征
- 周边环境
- 计算机生成的形式
- 流行风格
- 房主的个性和气质
- 建筑师的个人倾向和奇思妙想

尽管它们最初对我们产生了强烈的影响, 但是随着以幸福、愉快等"人性尺度"为标准的衡量体系趋于完善, 建筑的样式和风格所占的地位日益下降。

回顾魅力的七个层次

通过建筑魅力的七个层次, 我们全面感受了"人性尺度"。我们很可能不断地回顾这些层次 (不再以"样式"为衡量标准), 每一次的回顾都会增强我们对于建筑力量的见解和认知, 从而重振我们的人文精神。

2. 美感

很快我们便会被建筑产生的美感深深打动, 进而感受到我们在神性计划中的地位和价值。美感可以从以下几个方面获得:

- 赋予无生命的事物以活力
- 有机的设计、纹理、韵律、模式、变化和天然的形态
- 亲近自然
- 活力与动感
- 与自然和谐共存并获得平衡
- 对称、表面以及玄妙的默契
- 比例、规模以及黄金分割比例
- 工艺、精度和技巧
- 色彩与照明
- 音效、宁静、触感和芬芳的气味
- 优雅、尊贵和风度
- 简洁、雅致和节约
- 敬畏与超凡脱俗的感受

3. 组织

然后我们会立刻将建筑的各个部分组织在一起形成易于我们理解和驾驭的形式, 并在脑海中将这种连贯一致的理解打下深深的印记。我们主要依靠下面几个方面进行组织:

- 各个入口
- 道路和走廊
- 边缘部分、列柱廊、弯拱结构
- 地标和中心场地
- 区域
- 周边氛围

4. 情感影响

通过以下几个方面, 建筑将会对我们的情感产生冲击和影响:

- 心理临界感
- 约束、释放并达到高潮
- 神秘和期待
- 我们身体所处的位置
- 内涵与个性
- 唤起回忆、感到熟悉
- 建材和色彩
- 亲近自然
- 环境和氛围
- 奇想和乐趣

5. 社交

通过提供下面的功能元素, 建筑可以为我们创造舒适的社交场所:

- 各类就坐场地
- 与路人的距离更近
- 阳光、微风、清水、树木和美食
- 长期使用而磨损的表面
- 手工制作的痕迹
- 人类形体和比例的图像及绘画
- 展示和表演的场所
- 适于庆祝和举行典礼的环境

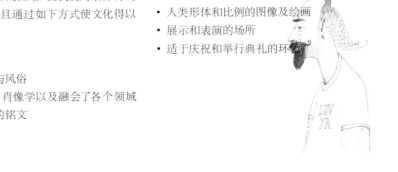

7. 艺术

最后, 如果建筑能够体现出美好的艺术形式, 将会让我们进入到超然世界的境界。

- 雕塑、雕刻和版画
- 石雕工艺
- 绘画以及壁画
- 视频与光效艺术
- 玻璃、瓷砖及金属工艺品
- 装饰、顶饰、栏杆
- 家具和固定装置
- 喷泉、瀑布以及池塘中的清水
- 景观、爬藤与花园

6. 礼仪、象征和神话

最终, 建筑会传递信息, 讲述轶事, 巩固群体的团结, 使我们的素养得到提升, 并且通过如下方式使文化得以传承:

- 序列
- 传统与风俗
- 装饰、肖像学以及融会了各个领域知识的铭文
- 示意

圆形图表文字

START OF YOUR RELATIONSHIP WITH THE BUILDING (style eventually becomes meaningless)

PATH ONE →

THE BUILDING TAPS INTO A CULTURAL MEMORY

THE BUILDING DOES THE TEACHING BY ITSELF
Requires only human instinct and a primoroal memory
Here the building has allure for all first comers

PATH TWO →

EVERYTHING HERE IS LEARNED BY REVALATION
Requires a receptive spirit

PATH THREE

INSIGHT

TEACHING IS DONE BY AN INSTRUCTOR
Requires intellect and active involvement

人性化的住宅

莱利住宅II，吉尔福德，康涅狄格州

这是我设计并居住的第二套住宅，主要涉及对一座现有住宅进行改建和扩建。我希望它具有"人性尺度"，可以通过快乐程度和幸福感进行衡量，如同用尺来进行实物的测量一样精准。

我在住宅的侧翼增加了一个起居室（上面带有工作室）和一个小型的家庭娱乐室，从而在户外形成了一个弧形的"湾区"，这里可以举办日常生活中的各种小型仪式和庆典活动。鸟语花香的花园；雨水管滴下的水珠飞溅在石头上的声音；粗糙的石头和光滑细腻的灰泥呈现出不同的质感和纹理；湿润清凉的空气；绚烂的色彩充足的阳光和避风之地清净的氛围；内部的装饰充满活力的室内活动；双侧对称的形式；酷似人脸的外观；似曾相识的感觉，所有这一切融合在一起，构成了这座人性化的住宅。

原址

周边环境

原址

户外"湾区"和列柱廊

为庆祝活动布置的场景

意大利卢卡广场

莱利住宅II，吉尔福德，康涅狄格州

我还参考了很多自己喜爱的建筑和技艺，它们遍布世界各地。其中包括意大利锡耶纳的大教堂；约旦佩特拉的石雕建筑；美国西南部独具特色的土坯墙；罗马的列柱廊；非洲的木工技艺（我使用非洲的红木碗作为柱顶）；日本简单有效的排水沟和雨水导管；墨西哥的瓷砖制品；英式大厅带有横梁的天花板。

锡耶纳大教堂

记忆

宝藏

手工制作的感受

佩特拉

亲近自然

天然的形态无处不在，无论是绽放的鲜花，还是只有在内心才能感受到的清澈。梁架、楼梯栏杆、书架、工作台面，甚至是我自己设计并手工制作的一些家具上都可以见到这些天然的形状。当然，那些中式座椅和桌腿弯曲的餐桌（左图和右下图）是个例外，它们虽然是我设计的，却是由康涅狄格州西康沃尔的伊恩·英格索尔公司制造的。

可以就坐的场所　　　　　　　　　　　　　　讲述故事的装饰和物品

优雅　　　　　　　　　　天然的材料　　　　　符合人体的比例和尺寸

压缩和扩展的空间

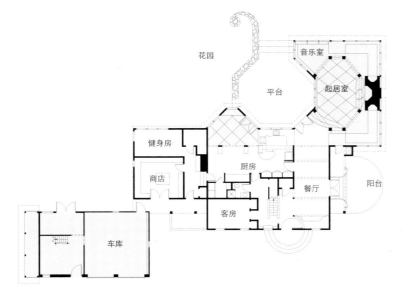

一层平面图（阴影部分为新增区域）　　　　　二层平面图（阴影部分为新增区域）

独特的分区

天然的图案和形状

充满花香、悠然宁静、阳光明媚、
热情洋溢。

仪式和象征

教会总部大楼和阿米斯塔德教堂, 克利夫兰, 俄亥俄州

这座临街而建的办公大楼具有悠久的历史, 翻建后增加了一座新的酒店, 与原来附属的阿米斯塔德教堂一起构成了联合基督教会的总部, 迎接各地的信徒。

人们可以在大街上看到教堂, 反之亦然。显然, 这种设计并不是把它作为一个修道场所去隐藏起来, 而是敞开怀抱以热情的姿态迎接陌生的人们。置身其中, 人们会像观众一样体验《阿米斯塔德号的故事》。

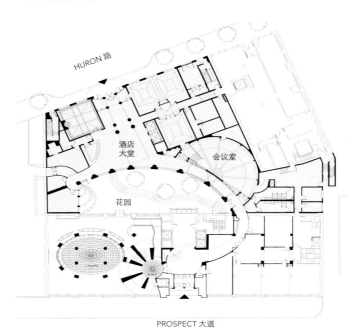

一层平面图 (阴影部分为新增建筑)

这座历史悠久的办公大楼位于前景大街, 现已翻修一新

新增的酒店位于休伦路旁

酒店入口 (左图) 两侧的立柱仿佛是欢迎的队列, 引导着游客直接进入 "教会总部" 的花园式庭院 (右图)

尖顶结构 (右图) 不仅可以使阳光直接入射到中央会议大厅, 也会令人联想到新英格兰公理教会的会议大厅

共有

8

在阿米斯塔德教堂象征性地表达手法随处可见。头顶上玻璃制成的"荆棘王冠"诉说着基督的悲痛；光线经过分光棱镜散射下来,仿佛基督之光洒落在玻璃制成的圣餐桌面之上,餐桌被分成十二个部分,暗指基督的十二位门徒。其实,用来摆放《圣经》和圣餐的桌面也是由十二条桌腿支撑的。

光线经过桌面之后照射到地面之上,由耶路撒冷的石块拼成的地板象征着支离破碎的世界。所有这一切都记述了耶稣圆满的献身和战胜死亡的壮举。

人们可以把这些信息看作点燃"自我解放"意识的火花,它鼓舞着阿米斯塔德号上的奴隶以及在法庭上毅然相助的人们常年与强权的压迫进行抗争。

通往神圣空间的前奏

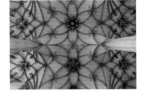

洗礼圣盆(下左)的边缘环绕着八片金色的莲花花瓣,清水由此流入盆中。在《圣经》中,数字"8"代表着新的开端、新的秩序,也象征着创生——人们复活之后可得到永生。

洗礼活动的影响不仅能够波及到教堂(正前方),还有外部世界(左)和用于个人冥思的场所(右)。这里的地面采用天然形状的耶路撒冷石材,铺成的图案完美协调。

天棚也被用作传递宗教的信息,丝毫未受建筑某些商业用途的影响,令人们不时忆起世界各地的神圣建筑。

约束与释放

Child's Play

Stepping Stones Museum for Children
Norwalk, Connecticut

孩子的乐园

铺路石儿童展览馆，诺沃克，康涅狄格州

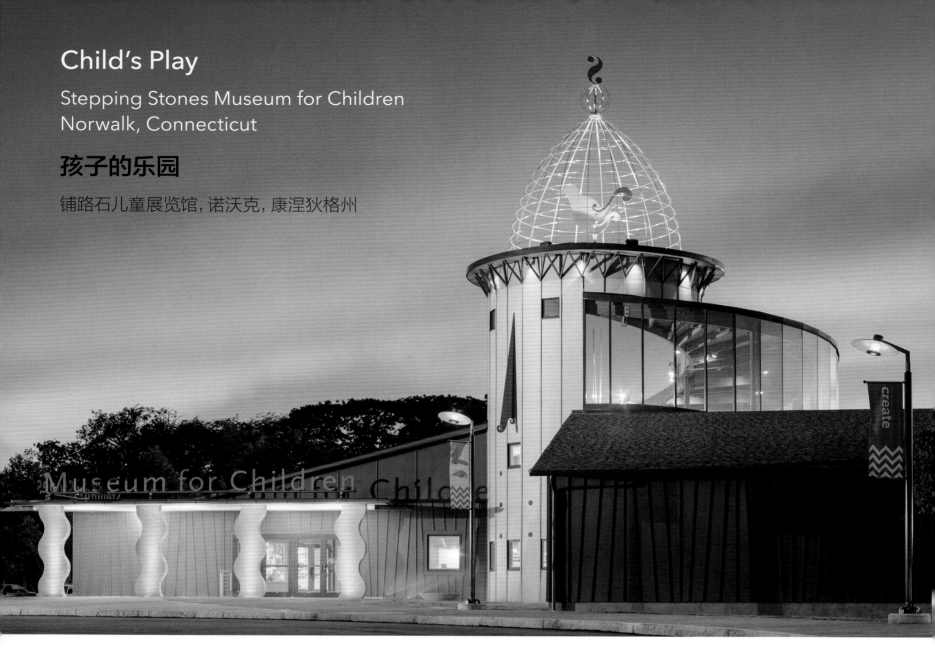

探索

在这个建筑中你能找出多少个 S 形状？提示：会有 50 个以上，都将出现在这些页面上。

蜡笔的色彩

事物的随意性——把普通的事物用于非凡的用途

原始概念设计草图和铺路石的标志（左）

奇想和乐趣

我们设置了很多极具趣味并且适合儿童思维的事物,让孩子们去发现——一个有鸟类大脑的人物;一座孩子们可以步行穿过的灯塔;一张下雨时眼睛会流泪的笑脸;作为中心地标的高塔,不但可以发出声音,还能运动;地面上的踏脚石;地板上的窥视孔;一个迷你入口;一座露天剧场;在阴凉处为父母们开辟的活动场所,当然,还有趣味无穷的"S"游戏。

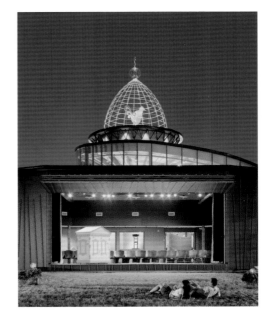

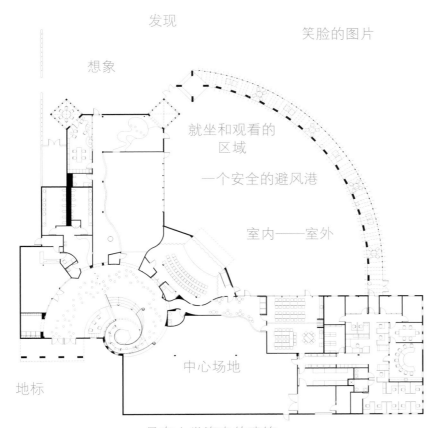

发现

想象

笑脸的图片

就坐和观看的区域

一个安全的避风港

室内——室外

中心场地

地标

具有人类姿态的建筑

 平面图

Heart of the Campus

Main Quad, Quinnipiac University, Hamden, Connecticut

校园之心

中央广场, 昆尼皮亚克大学, 哈姆登, 康涅狄格州

辽阔的天空

地标建筑

封闭的边缘

有机的轴心

依山而建

原址, 约 1978 年

融于自然

中心广场是由建于 1989 年的兰德尔商学院 (上中, 右) 改建的, 并对阿诺德·伯恩哈德图书馆 (上, 右) 进行了彻底的建改和扩建。

所有的建筑都很低矮, 以使沉睡的巨人山美景与校园的景色交相辉映。

道路旁边有很多可以就坐的地方   标志性的入口造型新颖独特

神秘超凡的平衡

有机的轴心

餐厅（上中）和卡尔·汉森学生中心（上右）也进行了全面的改建，不仅外观焕然一新，还附加了一些功能。

学术区或者"商业区"与居住区截然不同，重新设计的图书馆钟塔可以作为辟邪的神物，从而使广场变成举行庆典和仪式的理想场所。这与意大利锡耶那带有市政大厅的田园广场极其相似。

阳光、避风、清水、绿树和食物

举行庆典的情景

锡耶那，意大利

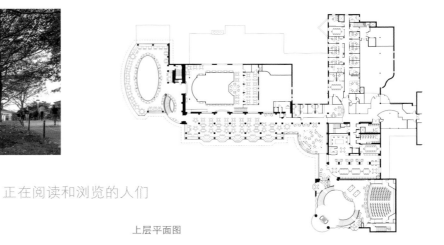

连接居住区的干道经过新建的餐厅（上）和改
建的学生中心（下），可直达校园的中心地带。

正在阅读和浏览的人们

上层平面图

原址

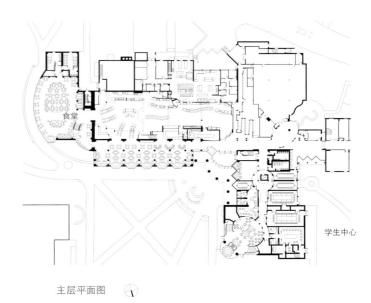

食堂

学生中心

主层平面图

圆形穹顶、涡旋线条和列柱廊令人感到舒适惬意

14

路人可以看到建筑内的景象，反之亦然，从而创造了友好开放的社交环境，这一做法与欧洲人常把广场设置在繁忙的道路附近如出一辙。

上层的墙壁上安装有太阳反射罩，可以将阳光反射到餐厅的北侧（阴面）。

我们喜欢的边缘地带焕然一新的老建筑

让老建筑重现活力

15

手工制作的奇迹

为了使餐厅成为社交的场所,我们在气氛活跃的大厅周围开辟了一些适合亲密交谈的僻静角落。这里不仅光线充足,还能一览外面的自然美景。我们手工制作了柱顶,还采用了带有天然纹理和图案的材料,当然丰富的美食也是必不可少的。

支柱顶端的勺状柱顶由来自森特布鲁克的查尔斯·穆勒制作

下部和上部空间   各种可以就坐的场地

氛围 木材、泥土、石头、青铜

我们还在壁炉的周围营造了舒适惬意的氛围，添加了顽皮可爱
的山猫雕塑（由鲍勃·舒尔的天光工作室提供）。我们用天然的
材料制作出天然的造型，包括采用来自世界各地的多种木材建造
支柱（由森特布鲁克的杰伊·克莱贝克制作）。我们还确保有足够
的地方让人们坐下来，无论是参与讨论的人，还是置身事外的人。

曲线

吉祥物

更多的涡旋

信息

以前的图书馆也进行了彻底的改建，并在后部进行了扩建。

一条沿途充满了活力，优雅迷人的甬道直接通向图书馆。

经久的地标建筑

原址

穿越校园的轴心

图书馆一层平面图

图书馆新钟塔的顶部和底部都采用砖头建造，不但使其比例更加协调，而且令人产生一种似曾相识的感觉。新的尖塔也具有象征意义，它像一个尚未完工的金字塔，顶部是一个闪闪发亮的金色圆顶，它象征着我们为了不断完善自我所要面对的精神生活和工作。新建的花岗石台阶和弯弯曲曲的植物篱墙也成为休息和聚会的场所。

在校园的任何地方都能望到钟塔的尖顶

舞台和护身符

图书馆内的座位遍布各处，无论在繁忙的过道附近，还是在网吧里，甚至在私密的角落里，人们都可以找到舒适的座位就坐。此外，内部采用的天然材料、天然形状以及天然的色彩，还有尽收眼底的户外美景，使图书馆更加亲近自然，深受学生的喜爱。

宽广的天空

观望与被观望

工作中的团队

道路与广场

原址

自由宽广的视野　　　　　　　　树木与溪流相连　　　　　　　　置身树梢之上

A Setting for Remembrances
Alumni Affairs, Public Relations, and Pat Abbate Garden,
Quinnipiac University, Hamden, Connecticut

追思之地

帕特·阿贝特校友会和花园，昆尼皮亚克大学，哈姆登，康涅狄格州

我们为这幢 18 世纪的房屋（上左）添加了一些新的元素和花园（上，最右），以纪念故去的校友，并使来访者的思绪回到主校区。

涵盖了我们所有感官的人性化尺度设计，超越了一切特定的建筑风格，使这个中心建筑历久弥新，深得人们喜爱，令人难以忘怀。

与主校区相通

临界感

轴心对称的组织

人性化尺度和比例

手工打造的感觉

宁静的氛围

遮蔽的入口和宜人的气氛　　　　　　　　　　回顾往事的领地

一侧立面　　　　　　　　　两侧对称　　　　　　　　融于自然

熟悉的感触　　　　　　　　对比鲜明的纹理

Arts and Sciences in a Pine Grove
College of Arts and Sciences, Quinnipiac University, Hamden, Connecticut

艺术与科学之林 艺术与科学学院，昆尼皮亚克大学，哈姆登，康涅狄格州

手工制作的物件　　　　　　　　　错落有致的布局

芬芳的植物园林

在距离中央广场稍远的地方，艺
术与科学学院的园区坐落在一片
庄严华贵的苍松翠柏之中，林中
散发着清净、恬淡和优美的气息。

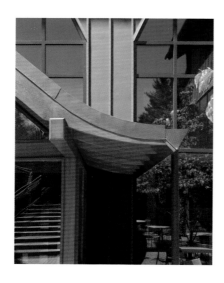

暗含着另一个世界
的文化

各种活动使这里充满无限活力

不同的格局和韵律　　　　　　优雅　　　　　　　　　　　　　　就坐的场地

源于自然的造型

阳光充足的避风之地

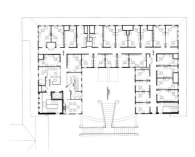

下层平面图　　　　　　　　　主层平面图　　　　　　　　　　　上层平面图

Loving Music

The Esther Eastman Music Center, Hotchkiss School, Lakeville, Connecticut

音乐之爱

艾斯特·伊斯曼音乐中心, 霍奇基斯学校, 雷克维尔, 康涅狄格州

这个音乐中心既可作为表演的舞台, 也可作为彩排大厅。玻璃幕墙令室内外的界限几乎消失, 这不仅可以激发音乐人的灵感, 也可以让经过的路人领略到音乐王国的魅力, 更为平淡的校园生活增添了艺术气息。

穿过一条拥挤的走廊, 沿着一段狭窄的楼梯向下而行, 便可到达宽敞明亮的艾菲尔音乐大厅。

透明的设计赋予建筑无限的活力

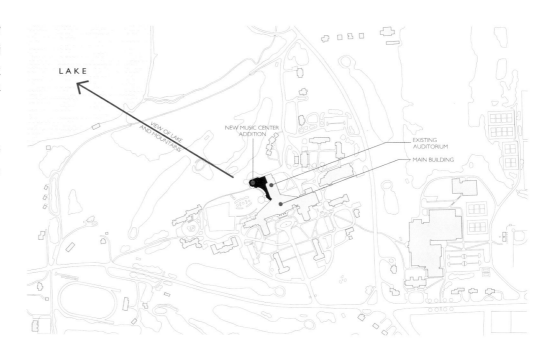

总平面图

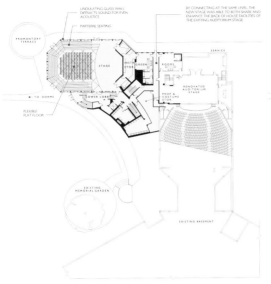

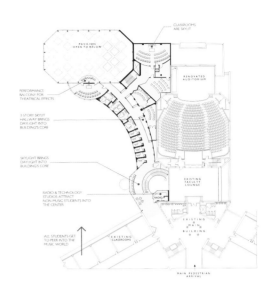

（下部）主层平面图　　　　　　　　（中部）艺术层平面图　　　　　　　　（上部）舞台层平面图

在设计中，我们还借鉴了乔治亚音乐学院的样式；巴黎圣礼拜堂宝石般珍贵的魔幻魅力；同样值得期待的还有法贝热彩蛋（Faberge eggs，亦称俄罗斯彩蛋）一样令人惊讶的内部结构。

音乐的寓意　　　　　　　　　　　　　　　　　　　亲近自然的内部装饰

大厅设有 750 个座位，环坐在四周的观众会产生一种与舞台亲近的感觉。坐在汉斯·夏隆设计的柏林爱乐音乐厅（上）内也会产生同样的感觉。

亲密与共享

为了增强声音的混响效果，大厅"反射云团"（可以使声音衰减的帘幕）之上的空间延伸得很高，这些帘幕平时卷起，人们是无法看到的。根据不同类型的音乐演出，帘幕展开的幅度可以随之调整。

通过木制的曲线形栏杆，我们希望营造出一种充满趣味的梦幻效果，以满足人们的触觉感官。栏杆的顶部平面向下倾斜，不仅改善了观看的视线，而且更加符合年轻人的身体结构和习惯。

飘渺的余韵

三层的阳台提供了一个独特有趣的表演场地（右上）。

所有的支柱和壁柱都配置了四分之一的圆形柱顶，外形酷似音符，犹如曼妙的旋律，使走廊的气氛变得活跃。

类型各异的排练室和教室沿着这条引人入胜的走廊分布在各个楼层。

日光产生的动感活力

不同的韵律和图案

大厅空间的最高点

在台阶上的学生

与普利茅斯的爱乐音乐厅一样，艾菲尔音乐大厅拥有一个平坦的多功能中心场地，四周围绕着高出地面的后排座位。这种布局可以吸引不同的群体共同享受音乐节目的魅力。

沿着褪色的水泥地面，有一些暴露在外的管道和管道系统。这种简单和节约的思想对很多人来说十分珍贵，也是无暇的人性不可或缺的部分

优雅的结构，简约的装饰

多种用途

普利茅斯爱乐音乐厅，马萨诸塞州

普利茅斯爱乐音乐厅，马萨诸塞州

与唐戈伍德音乐中心（见插图）的做法相似，我们将音乐厅侧面的幕墙打开，使其对户外完全开放，从而让音乐进入到更多人的耳中。

外墙采用坚固的、厚度为 3.2 厘米的声学玻璃制成，并且像手风琴一样，上面有很多小的棱面，能够将大厅内部清脆的声波进行衍射，从而在外墙上产生闪闪发光的视觉效果，令人赏心悦目。

音乐之声

标志性建筑、自然风光与教学

生物质能电厂, 霍奇基斯学校, 雷克维尔, 康涅狄格州

这个电厂通过燃烧碎木屑发电, 进而为整个校园供热。在设计中, 我们将三个相互矛盾, 但又相互影响的因素融合在一起, 实现了统一的功能。

· 首先, 它是一个标志性建筑, 宣示了学校在2020年之前成为"碳中和"校园的承诺和决心。
· 同时, 它像变色龙一样与周边的自然景色悄然融为一体, 以亲和的姿态展现了生态原则。
· 最后, 它不仅是一座电厂, 还是一个用来唤醒、提高人们生态意识的"教室"。

对青山翠谷的敬意

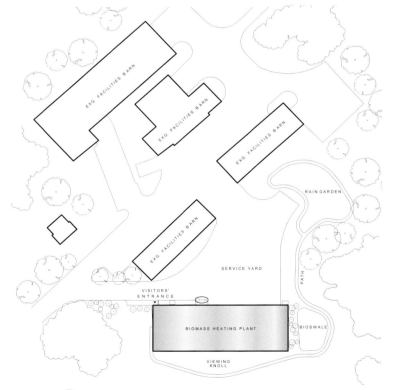

总体布局平面图

32

在内部，我们展现了各种以木材为主的可持续建造技术。我们还建造了一间用于观察的夹层小屋，可以监测生物质能锅炉、木屑贮藏和传输设备、螺旋式自动填料设备、锅炉烟管、电力除尘设备和灰烬螺旋钻。在一面墙上挂满了各种图片，展示了电厂操作和运行中的各种数据。

内部的结构和栏杆以及灯具都大量采用了天然的材料和形状。

充分展示木材的多种用途

展示的场所

我们的阿兰·帕拉迪斯设计了刻入混凝土墙壁的青草装饰图案（左），这一灵感来自于古埃及人敬献给自然的雕刻（下）。

象征符号

临界感

33

电厂采用两套效率高达 80%—82% 的梅瑟史密斯生物质能锅炉单元，每小时燃烧大约 5400 吨的木屑，可以产生相当于 1400 万个英国热量单元（BTU）的热量，可为校园内共计 11 公顷的 85 栋建筑提供供暖服务。在最初三年的运行期内，整个校园范围之内的油料消耗减少了 983601 加仑。

屋顶的植被不仅可以贮存和过滤部分雨水，还能减缓雨水流入周边河道系统的速度。绿色植被可以吸收 90% 以上的年降水量，消除发展时期超过 85% 的悬浮颗粒。

厂房之外，有一条经过植被覆盖的屋顶的天然小径（上），它通向雨水花园、生态沼泽和附近的湿地。

路人对内部一览无余

屋顶的各种植物形成了微观
小气候

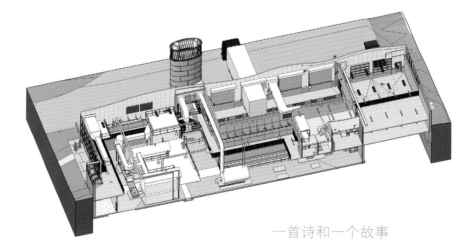

一首诗和一个故事

34

我们证明了人类与大自然完全能够和谐共生

优雅   淡然

守望大海的贵妇

海洋大厦酒店, 沃奇希尔, 罗德岛州

那是在 2005 年, 久负盛名的海洋大厦已经残破不堪, 难以进行翻修。我们意识到不得不将它推倒重建。

海洋大厦的历史超过 125 年, 大约在 1908 年前后, 它的历史性内涵和声望达到了全盛时期。在经历了无数次生硬的改造和盲目的扩建之后, 今天只能选择将它精心复制, 重现往日的风采。起初, 文物保护团体对这一做法提出了质疑, 但是通过旧金山金门公园温室花园的案例, 我们最终将其说服: 与修复相比, 推倒重建的成功概率更大。事实上, 最初的修复方案在当时是完全不可行的。

大约在 1908 年前后, 它的历史性内涵和声望达到了全盛时期 (右)

2005 年即将拆除之前的海洋大厦

只有神灵才能拯救

我们恢复了中央建筑原有的折线形屋顶, 在 20 世纪 20 年代, 这种屋顶被略显逊色的四坡屋顶所取代。我们也复原了东翼楼的复折式屋顶, 只不过在多年前, 为了增加顶部的空间, 我们曾将其拆除过。

尽管要容纳一些现代的机械和结构系统, 但我们依然保留了原有楼层之间紧密的高度。

2005

永恒

根植于记忆的重建

1908

在设计阶段，森特布鲁克的一间会议室变成了海洋大厦项目的"作战室"。我们的客户——查克·罗伊斯不知疲倦地构思着各种创意，绘制了几十幅设计草图。拥有这样一位赋有清晰思维和独到见解的客户，对于项目的顺利进行和最终取得成功都是至关重要的。这里只是一些我们用于探索研究而绘制的草图。

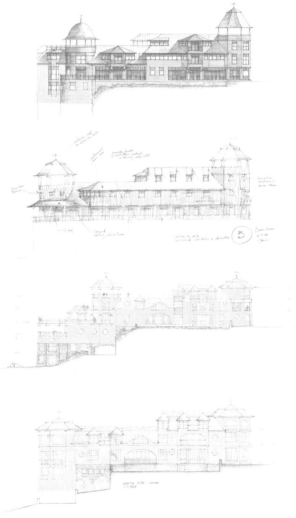

我们的客户——查克·罗伊斯，站立在 森特布鲁克海洋大厦项目的"作战室"内

为了得到正确结果而进行了无数尝试

37

尽管与原来的位置仅仅相差 1.2 米，可我们还是将石头壁炉上的石头一块块拆下来，并在原位进行了重建

我们恢复了原有的前台，并稍作修改，以适应现代服务设施的要求

我们将原有的壁炉重新进行了罩面，并将它改做与舞厅相邻的吧台

通过复原、测量和精确复制，我们对建筑内的很多部分进行了抢救修复。有些保留原有位置和功能，而有的则完全改作他用。

带有现代风情的复古

我们在一段全新的豪华楼梯上精确复制了古老样式的栏杆，这条楼梯通往下面的新建的活动室

按照建筑规范，专家和技术人员扩大了老式木制电梯的容积

在地面层，有两处人们触手可及的外表面采用了实木材料。而出于防火和便于维护的目的，上面各层都采用了合成材料。这些木材因年代久远而呈现铜绿色，令建筑更具正宗的古老韵味。

原有的阳台、帕拉第奥式的飘窗和入口等经过细心的迁移和修复，在新建筑内找到了新的用武之地

灵魂的居所

酒店内有 23 套风格各异的住宅, 此外, 还提供 49 套布局结构和大小各不相同的酒店式客房。

酒店内的所有房间均沿着外廊式走廊分布, 因此每个房间都可欣赏到海景, 走廊内也总是阳光明媚, 这在各种规模的酒店中都是难得一见的。

每个房间都是独一无二的

餐厅

多功能厅

会议室

会所

水疗中心（上）和游泳池（下）

尽管保留了很多全盛时期的典型场所和迷人魅力，但酒店还是增添了大量的现代化设施，以跟上新世纪的发展步伐，从而再现酒店之前的两次辉煌，重新成为闻名于世的度假胜地。

在几处公众空间的室内设计中，我们与波士顿的彼得·尼米兹进行了合作，而且全部的家具都是由彼得设计的。

优雅安逸的生活

由于对这个华贵而古老的酒店进行修复具有重大意义,所以为了表达爱心与敬意,我们制作了豪华游艇"阿弗洛狄特"号的模型赠送给酒店。这艘属于我们客户——查克和黛博拉·罗伊斯的游艇(见插图),本身也是经过复制和修复而成的。

我们的模型制作者帕特里克·麦考利花费了一年的时间才完成了游艇模型的制作。现在,该模型摆放在酒店大堂内,由杰夫·莱利为它专门设计的桌子上。

杰夫·莱利和帕特里克·麦考利

爱的劳作

重新开放的公共海景区域

活动场所层平面图

主要活动场所层位于两层高的东侧翼楼的屋顶之上，这里面朝大海。另外，住在一层公寓的人们可以直接走上海滩。

我们将公共层平台上的栏杆换成了更为低矮的时尚花架，以使人们坐在这里观赏大海的视野而不会受到任何阻碍。

虽然新的海洋大厦比原来的更大，可以提供 49 套客房、23 套公寓，以及包括一个壁球场馆和双层地下停车场在内的全套酒店设施，但是人们在视觉上并未明显感觉到它的变化。在这个历史悠久的酒店复建过程中，增添了

两座翼楼，从而创造了两层的社交活动平台。将这个平台围绕的北翼楼正好将内部居住的人们屏蔽在内，免受平台上举办活动的影响。该翼楼柔和的曲线立面使路上的行人也能以开阔的视野饱览大海的美景（下）。

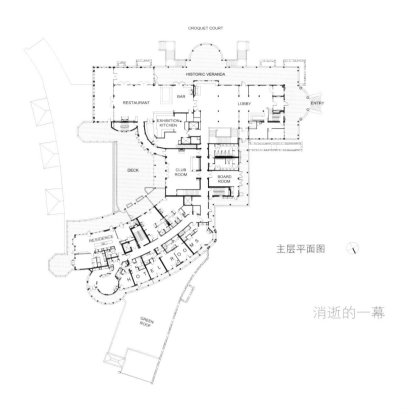

主层平面图

消逝的一幕

山坡像一只大手将酒店增加的部分遮挡住了，这在很大程度上缓解了人们对外观改变的关注和焦虑。

无忧宫露台花园，波茨坦，德国

由杰夫·莱利绘制的初期概念草图

传统价值的传承

沙利文博物馆, 诺维奇大学, 诺维奇, 佛蒙特州

自信

传统价值的传承, 诺维奇大学, 诺维奇, 佛蒙特州

该博物馆是这所私立军校现有的图书馆的新增部分，可以向学员们介绍学校的光荣历史和杰出的校友，我们希望它传达出下列重要信息：

首先，传递出"自信"，因为它依附于图书馆，要体现出自身的存在价值和重要意义。从几条道路上都可望见这个顶部犹如哨兵灯的圆形建筑，这也向人们宣示了这一重要信息。

工程的实力

其次，通过精湛的工艺、巧妙的细节处理和天然的材料传递出"骄傲"的信息。

第三，体现出"军事特色"。石拱门易于让人联想到军事要塞和军火库；色彩亮丽的瓷砖仿佛代表军功与荣誉的勋章；圆形大厅内由加里·史迪菲塞克设计的支撑着塔楼的钢制张力结构，展现了工程的独创性，并获得了学校的高度赞誉。

第四，由于几乎向上延伸到阅兵场的宿舍，它似乎在对哪里的官兵喊道："我在这里，快进来，不要忽视我。"内部充满阳光的休息大厅是一个闲逛和交谈的场所，引人注目的"陈列走廊"引导着学员穿过博物馆进入图书馆。

最后，博物馆要展现出"有趣"的一面。

召唤入内

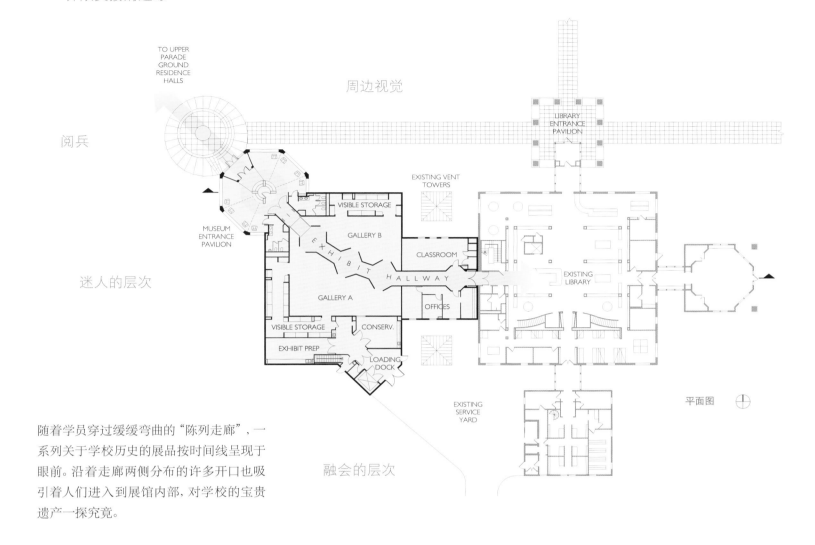

周边视觉

阅兵

迷人的层次

TO UPPER
PARADE
GROUND
RESIDENCE
HALLS

MUSEUM
ENTRANCE
PAVILION

LIBRARY
ENTRANCE
PAVILION

EXISTING VENT
TOWERS

VISIBLE STORAGE

GALLERY B

EXHIBIT

CLASSROOM

HALLWAY

EXISTING
LIBRARY

GALLERY A

OFFICES

VISIBLE STORAGE

CONSERV.

EXHIBIT PREP

LOADING
DOCK

EXISTING
SERVICE
YARD

平面图

随着学员穿过缓缓弯曲的"陈列走廊",一
系列关于学校历史的展品按时间线呈现于
眼前。沿着走廊两侧分布的许多开口也吸
引着人们进入到展馆内部,对学校的宝贵
遗产一探究竟。

融会的层次

交接的边缘

The Wings of a Prayer

TD Bank North Sports Center, Quinnipiac University, Hamden, Connecticut

祈祷者之翼

TD 银行北方运动中心，昆尼皮亚克大学，哈姆登，康涅狄格州

约克山校园总平面图

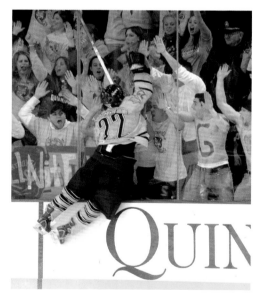

学校希望这座位于卫星学校——约克山校区内的运动中心可以用于不同的使用目的。的确，自从中心建成开放以来，学校的男子冰球队在著名的东部大学体育联盟（ECAC）的联赛中多次获得全国冠军。女子冰球队也在 2016 年首次获得全国冠军。

我们挖掘到山坡之内

到达后便可一饱眼福

到达后，观众可以一睹场馆迷人的赛前场景，我们认为，观众营造的强大气势将成为球队巨大的动力。场馆内部举行的比赛活动也对建筑的外部起到了有效的装饰效果。

场馆的两翼部分从中部的核心区域展开，将纽黑文的全景纳入视野，并各自提供了一个单独的运动场地。

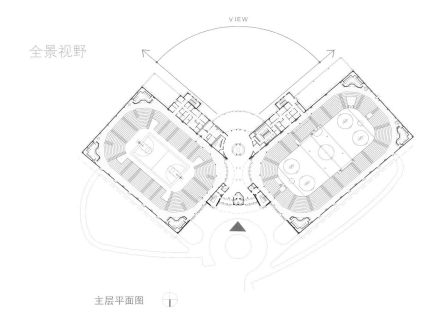

全景视野

主层平面图

建筑剖面图

线缆桥架把照明灯悬于桁架的底弦之上,使拱顶的跨越显得更有气势,线条也更加流畅。拱形的屋顶桁架在一端较低,压低的空间使观众亲临赛场的感受更加强烈。在较高的一端则可设置新闻记者席以及俱乐部的房间和坐席。

我们基本上把这个建筑看作一个剧场。

压缩与释放

在大学俱乐部内，可以俯瞰到两个场馆，同时还可以全景观赏南面壮美的景色。

表演

展示

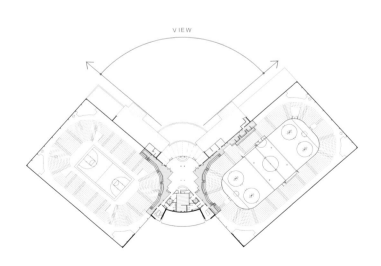

上层平面图

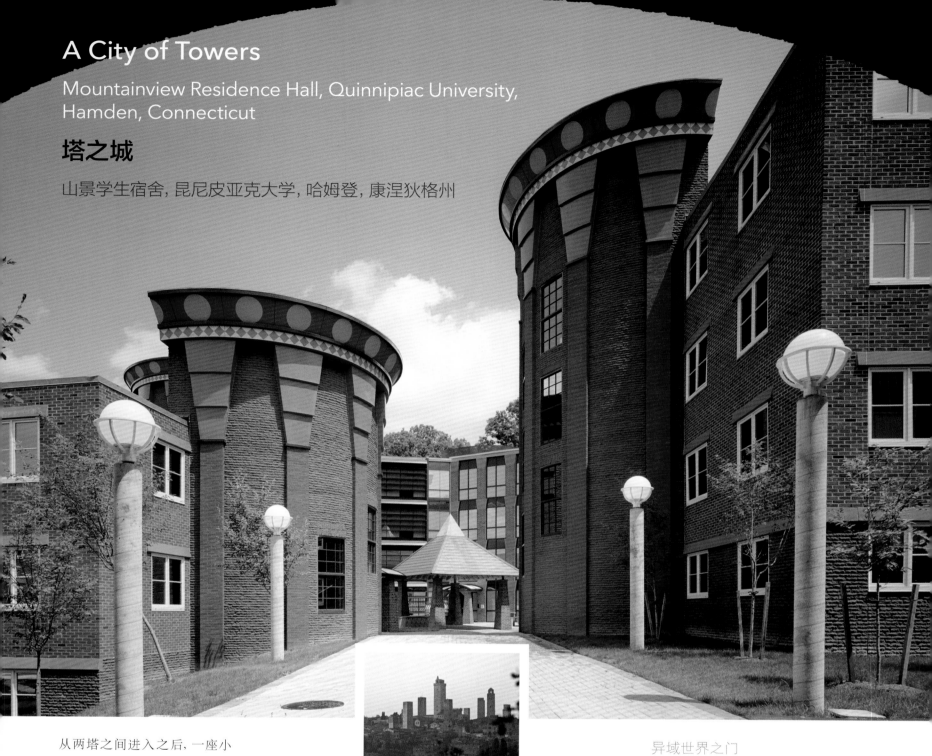

A City of Towers

Mountainview Residence Hall, Quinnipiac University,
Hamden, Connecticut

塔之城

山景学生宿舍, 昆尼皮亚克大学, 哈姆登, 康涅狄格州

从两塔之间进入之后, 一座小
型的封闭"城市"便呈现在眼前。
这里有地标建筑、广场、花园、
亭台楼阁、各种入口以及主干道,
处处散发着与众不同的气息。

塔之晶洞

圣吉米尼亚诺, 意大利

异域世界之门

神秘、若隐若现的视野，大小空间的
鲜明对比引发情绪的反应

纹理、韵律、色彩和图案

道边可以就坐之处

阳光充足的避风地和树木

拟人化的塔楼

它是属于公众的场所。

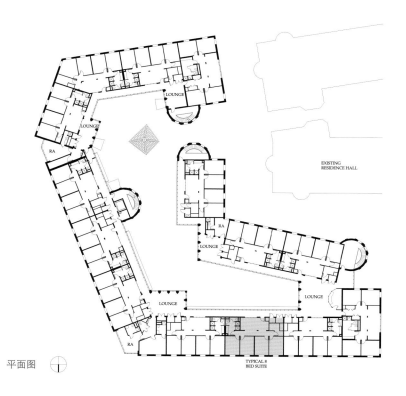

平面图

EXISTING
RESIDENCE HALL

LOUNGE

LOUNGE

LOUNGE

LOUNGE

RA

RA

RA

TYPICAL 8
BED SUITE

朝南的外墙向外倾斜，可遮蔽正午的
阳光。

众多可以就坐的场地

外立面的排列布局显现一丝
古老神秘的平衡

标志性的入口受到了土耳其以弗所的塞尔
苏斯大图书馆的启发，表明这里是飞地之
中的小型社区。

幸福之地

公共卫生学院, 密歇根大学, 安阿伯市, 密歇根州

"在这里, 我们关注人类的一切, 不仅仅关注人们的身体健康, 还关注他们的总体幸福、精神状态、快乐程度和对于社会养育和慰藉的感受。"诺林·克拉克院长如是说。

边缘的重要性——我们拥抱他们

欢迎的姿态

曲线的魅力

原址: 1942 年的建筑 (左) 和 1974 年的建筑 (右)

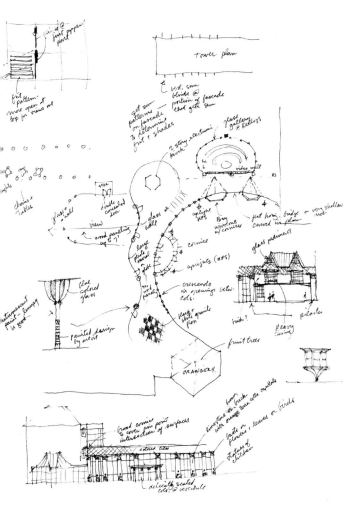

初始阶段的概念草图

会说话的建筑

横跨华盛顿大道的新建筑（对页）将两座已经存在的建筑（分别建于 1942 年和 1974 年）整合在一起，形成了统一的公共卫生学院。

新建的两层高的"社区横道"（右上图），以欢迎的姿态将主出入口揽入怀抱。

平稳的复杂性

- "社区横道"的新建部分
- 公共卫生学院翻建部分
- 公共卫生学院现存部分

1. 临床实验室
2. 行政办公室
3. 历史大礼堂
4. 暖房
5. 报告厅
6. 大厅
7. 团队学习室
8. 学生休息室
9. 教室
10. 咖啡馆
11. 社区的休息室
12. 通向"社区横道"的楼梯

将各部分整合在一起的路径

新旧之间的桥梁

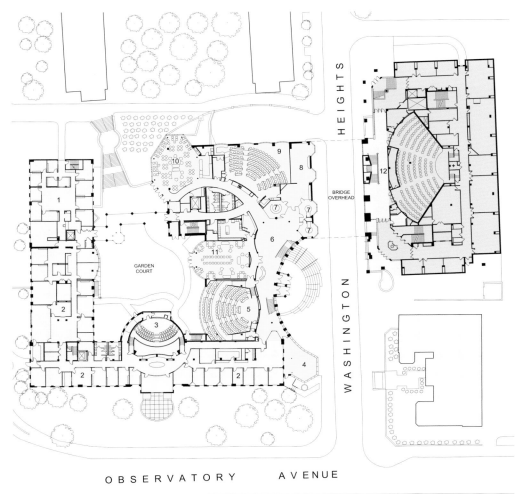

主层平面图

通过某些关键要素，"社区横道"表达了生命的品质和社会的意义：充足的阳光、天然的材料、造型各异的形状、手工制作的感受；内部的窗户令大厅尽显生机与活力，还有林立的支柱，上面长着色彩鲜艳、造型抽象的鲜花与水果。

主入口处的建筑特色与校园内其他建筑十分相似，从而展现了学院的核心任务，并扩大其社会外延。

社区之中的社区

人情味的证明

在校园内的老建筑上，雕刻的石灰石、琉璃瓦以及由砖头构成的错综复杂的图案抬眼可见。

典雅与和谐的艺术

建于1942年的老楼翻修后，通过东翼楼的一座人行天桥与"社区横道"连接在一起。一部电梯将实验楼各层连通，并可直接通到下面"社区横道"一层的咖啡馆。

1942年的院落景象。前景中的西翼楼以及与东翼楼相连的通道现已拆除，又新建了一个更大的院落

庆祝活动区域

相连互通

克兰布鲁克学院的吊灯

内部吊灯的设计灵感来自附近由伊里尔·沙里宁创立的克兰布鲁克学校（上右），其吊灯给人的感觉手工韵味十足。使建筑内部体现出以快乐和手工艺为衡量标准的人性化尺度。

在建于1942年的老建筑和"社区横道"之间是新建的院落，而公共大厅朝向院落的一面完全开放，从而提供了一个举办庆典活动的理想场所。

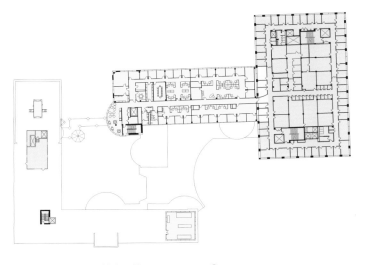

实验楼典型楼层平面图

"社区横道"的新建部分
公共卫生学院翻建部分
公共卫生学院现存部分

最终, 这所新建的公共卫生学院需要的并不是晦涩、深奥
和充斥着抽象符号的学术论文, 而是我们固有的人类本
能, 去理解和感受它对完整自我的影响, 以及它带给我们
的幸福感和社会归属感。

二层平面图

天然的形态与材料

观望来往的人们

层次分明的空间和跃然眼前的景象

交错的道路和偶遇的交流

岩顶的新月

约克山宿舍和学生中心, 昆尼皮亚克大学, 哈姆登, 康涅狄格州

新月学生宿舍和岩顶学生中心坐落于大学的约克山校区, 可以容纳 1600 名学生。由于这座综合建筑十分庞大, 我们始终致力于把它建成一个易于管理、感觉亲切和便于社交的场所。

比例

皇家新月大楼, 巴斯, 英国

安居之所

总体规划

"岩顶"相当于帐篷的支杆

我们将主楼的外立面设计成犹如弯月的曲线形式，与英国巴斯的新月住宅大楼（对页插图）十分相像，有效地掩盖了建筑的实际长度。我们通过显著突出的入口使这个综合建筑内的社区与众不同；我们还增加了游乐场所和一些露台；我们将标志性的"岩顶"中心设置在中心枢纽区域；我们还添加了五座独立的连栋式住宅，每座可以容纳 24 名学生。

在山顶上，我们建立了成群的风力发电机，创造了一组动力十足的雕塑，学生可以坐在那里欣赏周边的风景。

风

作为综合性学生村的单一建筑

凸窗眺望台

为了显著降低这座六层高的新月宿舍高度，我们将底部的两层沉入低于地面的壕沟之内，并且沿着山坡向下的方向使屋顶呈现出阶梯状。屋顶设有玻璃休息大厅，可以俯瞰全景的山色。

户外建筑之间的空间

"岩顶"学生中心让人回想起一个世纪之前山顶上宏伟的乡间木屋。

如果仔细观察（左下），你会发现在钢制的楼梯栏杆上隐藏着一群正在攀爬楼梯的山猫（大学的吉祥物）剪影，这是由森特布鲁克的萨拉·杜威设计的。而来自森特布鲁克的布莱恩·亚当斯则设计了炉边的木桌，让人回忆起昆尼皮亚克古老的印第安装饰图案。

巨大的帐篷

拥有全景视野的
沐浴阳光之地

康复之地与幸福之地

昆尼皮亚克大学研究生院校区，北黑文，康涅狄格州

原址

医学、护理及健康科学中心

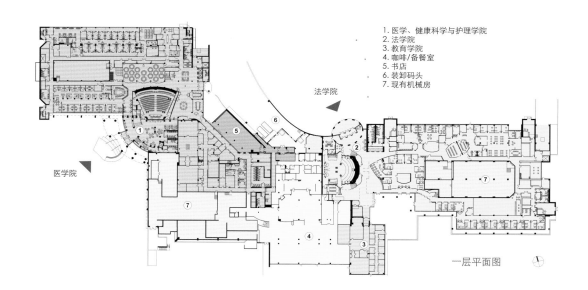

我们将之前一个企业园区内建于20世纪70年代的三座彼此相连的办公楼，改造为一个充满快乐气息和艺术韵味的医学院和法律研究生学院。

两个特色鲜明的入口

加固原有建筑

1. 医学、健康科学与护理学院
2. 法学院
3. 教育学院
4. 咖啡/备餐室
5. 书店
6. 装卸码头
7. 现有机械房

法学院

医学院

一层平面图

原址

法学院中心

临界之感   目送人来人往

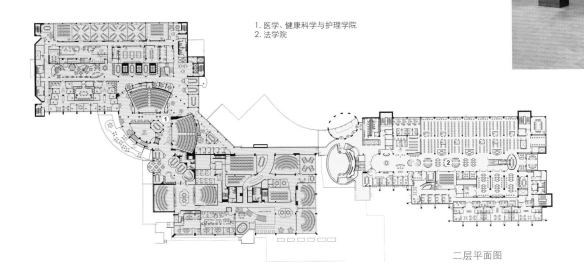

1. 医学、健康科学与护理学院
2. 法学院

二层平面图

法学院的露台（下）和合作教室（上）

全新设计的内部配置了众多具有创新性的设施，其中包括合作教室灵活实验室争端解决教室、模拟手术室、学生休息室、大体解剖学实验室、静坐冥想室、医学图书馆、一个带有光亮的大型中殿，还有高达三层的法学图书馆、自习室、阅览室、团队教室和诊所。这些设施服务于医学和法学两个学院的学生以及各种学生组织和团体。

学院内部中心大殿（上）的灵感来自于意大利锡耶那大教堂

回忆

敬畏

质感、图案和色彩

手工的感受

天然的材料

均衡的比例与黄金分割定律

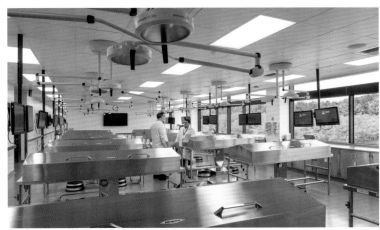

医学院的图书馆（上左）、休息大厅（上右）、人体解剖学实验室（下左）、室外露台（下右）

形式各异的日光　　　　　　　　天然的形态　　　　　　　居于建筑之外

1. 医学、健康科学与护理学院
2. 法学院

各式各样的就坐之处

无生命的物体焕发出生机

细小的拱形和涡旋形状

随处可见

三层平面图

在医学院，我们将图像与天然的色彩、曲线造型扶手的触感、明媚的阳光、植物与花卉的芬芳、潺潺的流水之音与各种可以就坐的场所完美地结合在一起，创造了一个洋溢着幸福感受的康复空间。

手眼共享的曲线盛宴

边缘物体

氛围

在医学院的主大厅内（上），具有二向色性的玻璃柱顶和带有花样图案的栏杆再现了林中静地舒缓安宁的气氛。在学生休息厅内（下），装饰着大量的手工制品，其中包括由我们的帕特里克·麦考利设计的鲜花形状的灯具、保罗·坎波斯设计的活灵活现的瓷砖图案，还有天窗工作室和我们的帕特里克·麦考利精心打造的喷水池。

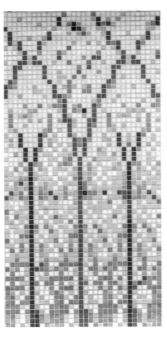

树梢之上

生命之水的声音

法学院屋顶露台

在法学院,我们充分发挥了木艺的魅力,并且将多个场地融合在一起,创立了一种公共性与社交性的主题氛围。这也反映了学院的宗旨与信念:律师的职责就是"将人们凝聚在一起"。

各种木材的混合运用

聚会的场所

法学院大法庭

法学院大型中殿

法学院的图书馆和大型中殿

展示

法学院法庭之外的主楼梯

洒落的日照光辉

手绘设计

色彩艳丽的地标

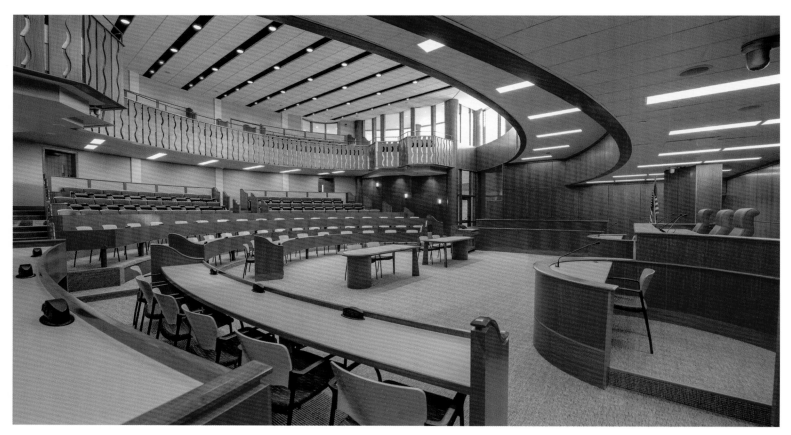

法学院法庭（上）和大型中殿（下）以及通往学生休息室（右下）的天桥

"世俗需求"交织而成的"神圣空间"

优雅

入口、路径和标志性建筑清晰协调的组织布局，有助于建立法学院令人难忘的心理印象。

法学院的法庭（上）和"大型中殿"（对页）显示出这是一个庄严、传统、属于公众的神圣之地。

Imagination, Discovery, Interaction, and Beauty

Academic Science and Laboratory Building,
Southern Connecticut State University, New Haven, Connecticut

想象、发现、互动、美感

学术科学和实验室大楼, 南康涅狄格州立大学, 纽黑文, 康涅狄格州

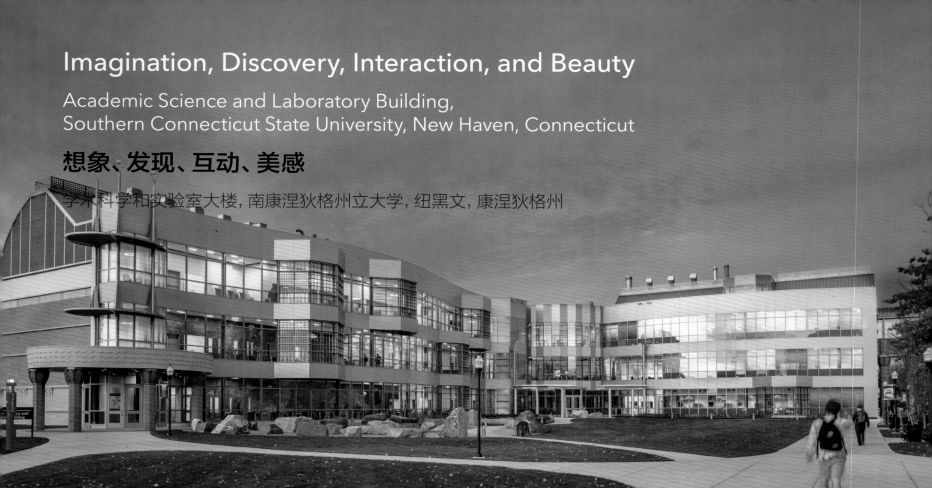

这座科学大楼的设计宗旨就是去激发人们的想象力, 怀着兴趣发去现有趣的事物, 鼓励师生之间的互动交流, 让我们体会到自身在神性计划中的重要价值, 从而展现科学之美。

呈 L 形的大楼将科学广场围在当中, 那里有各种新奇的事物等待人们去发现。一座天桥(下右)将大楼与原有的詹宁斯大厅相连, 使广场更加接近一个方形的庭院。

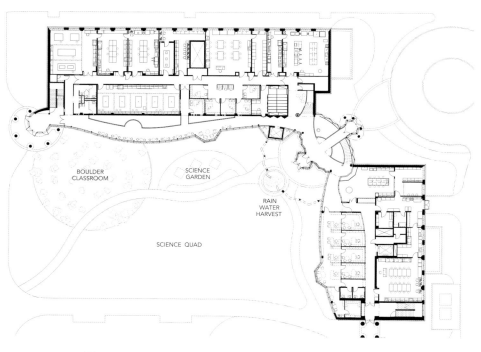

鸟瞰新建的科学广场

一层平面图

色彩光鲜的瓷砖

这座天桥也形成了从北侧进入"科学广场"的正门。

天桥的宏伟气势与埃及的庙宇有着些许神似，充满了生命的特性。

在科学广场内，有一个户外的"巨石教室"，这些岩石是从康涅狄格州的不同地质构造区域搜集来的。

叙述

敬畏

天然的形态和造型

带有起伏褶皱的玻璃"关节"(两座翼楼的连接部分)不仅可以使路人一窥科学广场的内部真容,还生动地表现出两座翼楼中进行的紧张工作所带来的巨大压力。

由玛丽·M.威尔逊设计的科学符号图案被铸在建筑的外部装饰中,以提醒人们无处不在的科学之美。

从大门窥视建筑内部

充满科学素材的装饰

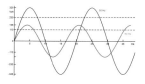

正弦波

分子结构

电路

雕像

美感

全部感官的盛宴

符号

叙述

由我们的安德鲁·萨夫兰和雷诺·米加尼设计的蛇头

两座翼楼的导雨器采用了双头的高架导管, 好似两条喷出水柱并摇晃着花斑尾巴的海蛇。

作为大楼纳入的可持续发展策略之一, 这些雨水被收集到容积达 4000 加仑的地下蓄水池内, 可以被重新利用。

我们将导雨器高处的竖直部分设置在大楼的内部, 并进行华丽的装饰, 向人们宣示它们节水的使命。

在一个突出的位置上，学生可以观看由我们的帕特里克·麦考利设计的东北地区卫星图——一些小行星、陨石和彗星悬挂在前面，似乎即将与这块陆地相撞（见插图）。

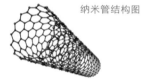

纳米管结构图

典型的试管架台

由玛丽·M. 威尔逊、安德鲁·萨夫兰、雷诺·米加尼和来自APG的格雷·卢克共同设计的纳米管结构雕塑矗立在高达三层的大楼"关节"之内。

那些朝南方向遮阳效果最好的凸窗是师生之间偶遇和进行交流的场所。

由玛丽·M.威尔逊设计的用玻璃面板制作的楼梯护栏上刻画了小到显微镜才能看到的事物和大到令人难以置信的事物。同时，在护栏的扶手转角柱上摆放着年龄长达一亿两千万年的石菊类化石。

由我们的结构工程师加里·史迪菲塞克设计的"鲸骨自行车链条"状结构横梁，不仅带给人们探索发现的乐趣，还十分美观。

奇迹的组合

两个水族馆的鱼类来自长岛海峡的沃思中心，用于沿海和海洋的研究。

由采自康涅狄格各地的岩石砌成石墙与旋转的双螺旋结构和热色瓷砖并置与一个光线明亮的竖井之内。

五架同步望远镜架设在平坦的屋顶上，而屋顶的斜坡则为铺设太阳能电池板做好了准备。

在主入口的顶蓬之上设有三个"日光尖顶"（上），用来模仿 16 世纪的"日光层"，并宣告这里是阳光之下教授一切知识的殿堂。

想象力

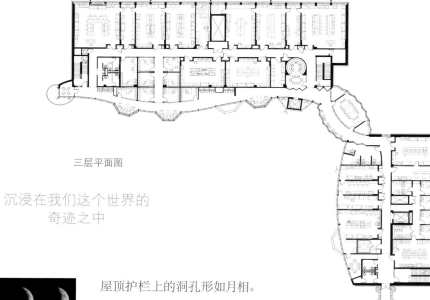

三层平面图

沉浸在我们这个世界的
奇迹之中

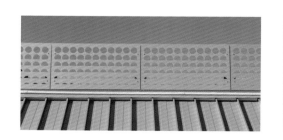

屋顶护栏上的洞孔形如月相。

圆顶的天文实验室里布满了哈勃太空望远镜拍摄的照片，顶部的圆形敞口开向天空。

楼梯向下一直延伸到地下——无振动纳米技术实验室。

在纳米技术层，有一个为学生、教室和校外团体服务的小型会场。而"水母桥"和"比目鱼横饰带"则等待着被发现。

老少皆宜之所

eMBarkerdaro——融合之地

莱利与威尔逊的家，康涅狄格河

我们将一座位于岩壁之上，可以俯瞰康涅狄格河的老房子拆除之后，这座全新的综合性住宅（与我的建筑师妻子玛丽·威尔逊共同设计）仿佛一部"六幕"的大戏，缓缓地拉开了建造的帷幕。这是我的第四套也是最后一套住宅。这里不仅有谷仓、果园、花园、暖房和"乔治储藏窖"，还有木工作坊、客房、游泳池、用于绘画和芭蕾舞练习的工作室，此外还有一个带有通向密室的秘密通道的主宅。

按照我们的目标，当建造完成之后（目前我们已经完成了"五幕好戏"），这个峭壁之上壮美的综合建筑将完全融于自然，成为我们生活和精神的家园。

工作室位于扩建的车库之上，是"第四幕"中的部分场景，"乔治"储藏窖（最右方）则是"第五幕"的内容。远处依次为花园、谷仓、暖房和果园（在"第一、二、三幕"中出现）

> 我们需要一个宾至如归
> 的世界

eMBarkerdaro 标志

客房（最右方）和工作室（左、中）构成了"第四幕"

在"第一幕"中，为了建造"她与他"谷仓，我们砍伐了一些树木，不仅腾出了场地，还提供了建造的木材。同时，还开辟了一个栽种了十八棵果树的果园。

在"第二幕"结束之后，我们又拥有了一座暖房，还有"乔治储藏窖"（第四幕，见对页，上），可以储藏菜园和果园收获的大量瓜果蔬菜。之所以用乔治为储藏窖命名是因为"乔治·鲁特"是我敬爱的曾祖父的名字。

大卫·舒尔的天窗工作室设计了"Le Coq"（大公鸡），它可以为暖房、果园、菜园提供灌溉用水，并体现出手工打造的质感。

"Le Coq"（大公鸡）

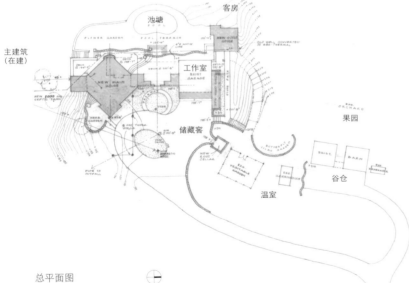
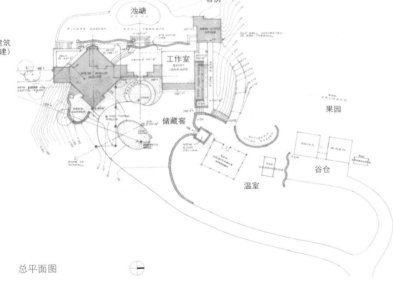

总平面图

89

在"第三幕"中，我们对现有的车库进行了扩建，为我们二人经常使用的木工作坊（右）创造了空间。在"第四幕"的建造过程中，车库的上层被带有尖顶的芭蕾舞工作室和带有天窗的画室完全取代。前者是为与美国芭蕾舞剧院共同习舞的玛丽而建。我的画室与客房相通，从而在客房的入口处形成了一个封闭式的通道。

我们希望eMBarkerdaro与大自然和谐共存，并在自然环境的平衡过程中发挥重要的作用。我们从日本的寺庙建筑（右）和弗兰克·劳埃德·赖特的计划设计中找到了灵感。

为此，我们安装了六井地热采暖和冷却系统，还有高性能门窗、泡沫绝缘材料，并为铺设太阳能光伏电池板做好了准备条件。

在带有屋顶的客房过道中，可以看到壮观的河水美景，还有两道如同水流一样蜿蜒崎岖的石墙，墙上有一只猫科动物的雕像，仿佛来回巡视的哨兵。

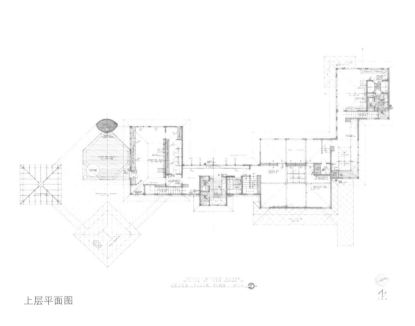

上层平面图

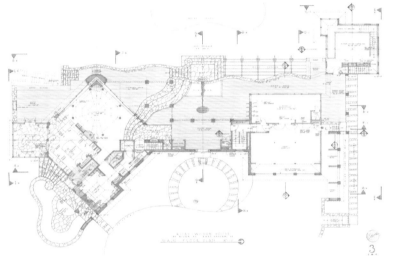

主层平面图

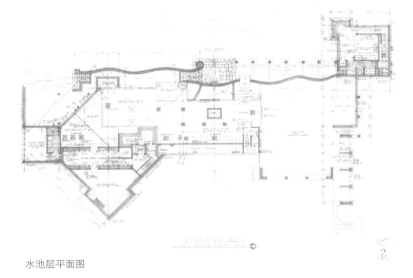

水池层平面图

天然的材料　　　　　　　　　　　质感、图案、韵律

　　　　　　　　　　　　　　　　　　　　　　　　宽阔挑檐的保护

丰富的色彩　　　　　　　　　　　与地面无缝衔接

天然的形状　　　　　　　　　　　　手工制作的装饰品

行动的自由=表达的自由

我们希望自己的家园能够表达出我们的精神世界，房子的内部、外部以及周边都是我们自由生活和活动的空间。

我们感受到，舞蹈和我们身体的运动对于人类来说是不可或缺的。

我们为展示壁龛而设计了舞动的花枝造型，在凸窗上点缀了沉甸甸的、下垂的浆果图案，还在螺旋楼梯中柱上融入了天鹅长长的脖子造型。

我们为悬臂式客厅安装了玻璃围栏，使人们在这里产生高高漂浮在树梢之上的感觉。

给无生命的物体赋予生命的特质　　　　　　　挑檐的保护

我们还希望人们能够全身心地沉浸在这里，体验一种归属感。

坐在雪松凉棚之下，微风习习、清爽怡人，阵阵花香沁人心脾；喷泉的流水之声、树叶的沙沙响音和百鸟的歌声都令人感到心情舒畅；触摸石头的质感，观赏午后阳光透过树林洒下的斑驳光影。厨房与露台设置在同一层面，这样可以为炎热季节举行的聚会活动方便地提供丰盛的美食。

在这个综合建筑群的任何一个角落，我们都要赋予无生命的事物以无限的生机。

一种临界感诱使你进入正在进行的第六幕场景之中

客房的厨房和餐厅凸窗

来自丹麦的吊灯（左）采用穆拉诺玻璃小花手工制成，为客房增添了些许艳丽、动感和快乐的气氛。

在第六幕中，丹·穆雷的猫科动物雕像雄踞在通往主宅入口中部的水景瀑布之上。很快，在上一层，两棵芳香的菩提树出现在入口的两侧，使主入口产生了强烈的界限感。

瓷砖、浆果、美洲核桃木、石头和瀑布

我的水彩画工作室

从我的水彩画工作室看玛丽的画室和舞蹈室

这些是我们的工作室,我们每天在这里工作。与其他区域不同,这里充满了梦想、奋斗与成就。

由好友雕塑家丹·穆雷制作的青铜雕塑"鹰Ⅱ"守望着三间工作室和那些顽皮可爱的小猫。

属于猫的空间

在舞蹈工作室里，我们添加了带状横饰，刻画了我们喜爱的艺术家和插画家的作品，譬如 N. C. 怀斯、乔治亚·奥基弗、马科斯菲尔德·帕里斯、克里斯·范·奥斯伯格、汤姆·汤普森和德加。

尽管三个工作室被刻意地相互连接在一起，我们还是用高架通风管道把舞蹈室与画室隔开，并将管道支架改造成可以让猫"攀爬的大树"。通过舞蹈室大镜子的反射，它还可以作为芭蕾舞蹈课的镜框式舞台（舞台口）。

总之，我和玛丽即将把设计变为现实，仿佛在烹制美食，只是把调料和蔬菜换成了纹理、材料、氛围、地标、日光、芳香和序列等，这些元素被揉和在一起，奉献了一道品味极佳、令人难忘、营养丰富的大餐。

这些是我们的最爱

MARK SIMON

马克·西蒙

建筑的述说

随着不断成长，艺术成了我的"家族事务"，我的父亲是一名雕塑家，母亲是一位诗人。他们孜孜不倦地教导我和姐妹们，甚至期望我们更具表现力和创造力，能够对美好的事物、形态或是具有美感的造型做出评判。设计的思想如此根深蒂固，以至于我没有留意到对事物的外观以及构成方式所持有的令人难以忍受的傲慢态度。

但是，当我进入大学以后，却想成为一名人类学家……人类文化的多样性和相互之间的影响一直令我着迷。把这些放在一起，就会明白我为什么会被建筑深深地吸引：建筑是文化的必需品，也是文化交流的产物，更是文化在视觉上的表达和呈现。

明星：西德尼·西蒙，私人收藏

跷跷板：西德尼·西蒙，私人收藏

小沃尔特·惠特曼，高中，扬克斯，纽约；马克·西蒙，森特布鲁克建筑事务所

浅浮雕：西德尼·西蒙，犹太教公园东部教堂，佩珀派克，俄亥俄州

因此，我相信无论是否有意，建筑都是可以"说话"的，否则，我们就不会辨别出它们之间的差异。长期以来，人们一直在探讨着"建筑学"与单纯的建筑之间的差别。而我认为它们之间是没有差别的，即使搭建一个简陋不堪的棚屋，也极有可能采用产生于文化或是人们介绍的材料和方法。甚至，建筑的每个部分都会为我们讲述各种文化历史、价值观、社会规范和理想抱负方面的故事。

虽然建筑历史学家（还有建筑师弗兰克·劳埃德·赖特提倡的自我表现和自我改变思想）倾向于个人作用的重要性，但是任何建筑都不是一人之力能够完成的。它们通常都是由群体为群体而建造，这个群体有时是只有二人的家庭，有时也许是整个国家。

美国国会大厦

加勒比地区的小屋：未知设计者

本杰明·亨利·拉特罗布设计的玉米造型柱顶，1809 年

赫菲斯托斯神庙，雅典，希腊

历史悠久的新英格兰地区会堂

沙特尔大教堂，法国

这些信念是如何影响我的工作的？尽管我确实可以享受自己解决设计难题的快乐，不过我会更加关注那些采用我设计方案的人们。我的设计如何为他们发挥效用？对他们意味着什么？他们的感受如何？是否会给他们带来启示，引起他们的敬畏，带给他们安慰和快乐？能否让他们激动，让他们感到安全和安心？我的设计是否适合他们？能不能引导他们的正确行为？这些设计会让他们感到自己很重要，很伟大，还是很渺小？

经久不衰的美学是其重要的组成部分，也会受到当前流行风格的影响。毕竟，大多数建筑存在的时间比它们自身的风格要长久。于是我产生了疑问："长期来看，这个建筑能够一直以有意义的方式与人类交流吗？我会认为它很美观吗？"

在尝试融入"我们的时代"之前，我犹豫再三。我认为我们所做的一切都属于我们这个历史主义或者超现代主义的时代。看一下这个经典的新英格兰教堂，它借鉴了两种截然不同，并且古老的传统风格：具有十分鲜明的时代特色。毕竟，现在永远都处在过去与未来之间。

第一公理会会堂，吉尔福德，康涅狄格州

最后三个观点

我认为一个成功的设计一定是"整体"的成功，能够体现出完整性。其中一定有各种元素共存之处，各种元素也有自己相应的位置，没有任何元素是多余的。修改应当去除残缺不全的部分，并使其他的部分更加协调一致。一个"整体"的建筑将功能性用途和具有深意的表达结合在一起，并形成自己的特色。这与父母 DNA 独一无二的结合十分相似，每一个人的基因都是与众不同的。

我认为设计不必拘泥于理论，很多时候理论只是想象力匮乏的遮羞布。

建筑最重要的功能也许就是为人们提供一个遮风挡雨之所。但是，除了人身安全，我们的精神同样需要一个庇护所。我们的生物学知识并不比生活在大草原边际的祖先高明多少。与托马斯·杰弗逊一样，我们仍然喜欢"保护美好的前景"。我们渴望安全感和属于自己的领地，但是我们还想知道那里还有些什么。即使我们不是宇宙的中心，但是我们需要在自己的世界中感受到中心的地位。

非洲小屋，巴克维纳部落，博茨瓦纳

蒙蒂塞洛，托马斯·杰弗逊故居，夏洛茨维尔，弗吉尼亚州

Reaching Out, Looking In
Park Synagogue East, Pepper Pike, Ohio

走出其外, 凝视其内
犹太教公园东, 佩珀派克, 俄亥俄州

木制的犹太教堂，普热德布日，波兰

1950 年，埃里克·门德尔松设计了克利夫兰高地上著名的公园犹太教堂，如今，扩建后的教堂东部园区是一个全新的圣地，也是一所学校和社区中心。与其"长兄"一样，为全体会众提供了一个深受喜爱的庇护和祈祷之地，人们在这里还可以回顾和纪念犹太教悠久的历史。

主体建筑采用简单的钢制框架结构，表面覆盖着镀铜的条形面板，犹如镶嵌的马赛克图案。尽管铜是一种原始并且耐用的金属材料，但是这种图案样式却让人回想起东欧犹太教堂和大部分犹太信徒家庭的木制墙板。

在具有重大意义的时刻，建筑可以展现出生动的表现力。仿佛每天油然而生的敬意，一些充满活力的巨大造型从铜材覆盖的框架结构中跃然凸起。站在街边，首先映入眼帘的是用耶路撒冷石罩面的圣殿。

埃里克·门德尔松在1950年设计的公园犹太教堂酷似一艘"带有圆顶的航船"。圣殿看上去岿然不动，而周边的建筑似乎在不停地运动，造成与我们所见相反的错觉。

建筑有两个同等重要的入口,一个可以进入学校,另一个则通向圣殿和图书馆,每个入口各有一个巨大的遮篷,向前上方弯曲伸展,以圆满的姿态表达拉比的祝福。

圣殿被巨大的石墙环抱其中，其上大型的层状扁带饰物令人联想到耶路撒冷的哭墙。厚厚的石墙在精神喻义上和声学上都起到了很好的保护作用。

这是一个与世隔绝的空间，天然的光线直接从四边进入，洒下柔和的光辉，召唤着圣灵进入这块安全的土地。

在会众较少的时候，为了使巨大的空间产生更为亲密的氛围，采用了类似方舟的木制遮篷。这也会令人忆起犹太教很久以前所使用的帐篷或是木制的犹太教堂。它们也起到回声板的作用，在大型聚会时可以放大主讲者说话的声音。

在需要的时候，侧面的墙壁可以上升到上部的墙壁之内，从而扩大活动的空间。

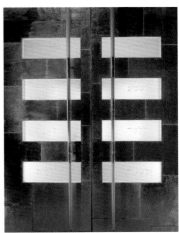

若隐若现

政治科学楼（临时），耶鲁大学，纽黑文，康涅狄格州

回到几年前的纽黑文前景大街，人们会看到一幢外表光滑的单层银色教学办公大楼，在外墙上带有水平线条的金属壁板的衬托下，那些扁长形状的窗户仿佛在高速地奔跑。它堪称一件有趣的奇品，大声地欢呼着无尽的快乐。然而，它却以端庄温和的形象优雅地依偎在居住区之中。

在耶鲁大学政治科学系的新楼设计和建
造完成之前，它只是一个是造价低廉的临
时性教学和办公楼。尽管如此，它还是得
到了各界的广泛赞誉，使用时间也超过预
期的一倍。

我们采用了绿色的玻璃增加了一丝淡淡
的色彩，使窗户的样式和造型显得更为
突出。

建筑内部依然体现出节约的特色，普通和"现成"的元素随处可见，但是运用的方式却十分新颖奇特：例如，极其普通的顶灯却以顽皮的现代主义风格排布在天花板上，这也暗示着政治派别和潮流的分歧。

这是一个让人喜爱的地方，以至于很多耶鲁大学的人士提议将它完整地迁移到其他地方，不过考虑到它脆弱的结构，这个建议显然是不可行的。

One for the Boys

University School, Hunting Valley, Ohio

男孩的世界

大学学院, 狩猎山谷, 俄亥俄州

建于 20 世纪 60 年代末期的大学学院, 是一所男生走读学校, 目前已无法容纳翻倍的学生人数。我们对这个砖混结构的建筑进行了翻修, 并设计和增加了大量的加固措施。

在每个学年昼短夜长的日子里, 新建的入口仿佛一座明亮的灯塔为黑暗中来往的人们照亮了道路。前部长长的门廊在风雪交加的天气里为人们提供了良好的遮蔽。木制结构的运用为原有坚硬的材料添加了柔和的色调。

在现有建筑的后部，我们添加了铜材罩面的翼楼作为实验室和教室使用，东西走向的翼楼在冬日也能让室内充满阳光。在这里可以眺望一个大型的池塘——"吉尔罗伊湖"，翼楼露台栏杆的造型与波光粼粼的湖面十分相似。然而，翼楼的增加并未使整个建筑正面的规模随之扩大。

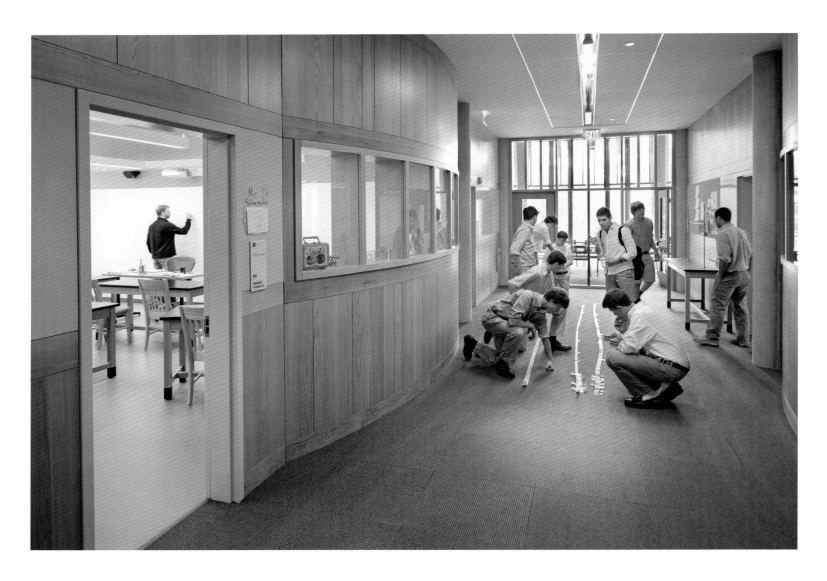

无论在建筑的内部还是外部，随处都能体现出最先进的教学方法和最新的思维。

21世纪的教育正在不断地发展变化，具有讽刺意味的是，教育又回归到遥远时代的模式，在那个时代，孩子们不是通过反复的记忆和枯燥的讲解进行学习，而是通过实际的操作，或是"体验式学习"来获得知识。并且与以往任何时候相比，更多的教育家正在研究男孩与女孩学习方式的差异。男孩的注意力集中时间更短，更加活跃，他们时常会感到烦躁不安，需要活动的空间。

玛丽学院和圣路易斯国家走读学校的体验性学习空间

很多原有的大厅和教室缺乏足够的日光，大多数还很狭窄拥挤，科学实验室也早已过时。这些都严重制约了学校先进教法的实施，目前，该教法将传统的讲解方法与讨论、分组项目、长期研究和制作结合在一起。

通过与各方利益相关者开展的早期规划讨论，我们建立了一个被称作"上议院"的"城市广场"，全校的师生每天都可以在这里相遇，进行交流讨论。

我们清理了老旧的图书馆，那里曾经像一个由无窗的大厅和黑暗的房间构成的迷宫。崭新明亮的"上议院"提供商场般的设施和服务，很像一个IT"天才吧"。众多的交叉路口可以让教师随时与自己的学生相遇，他们发现这远比因为作业问题而去寻找学生有效得多。

学校目前正在向人们展示教室中的学习是永无止境的。在大厅以及公共场所，到处都布置了白板、告示板、安乐椅和咖啡座椅，随时欢迎人们进行研究和讨论。重新处理之后的走廊仿佛乡村道路，两旁排列着教室，向学生和每年因为入学而来到这里的将近一千个家庭展示他们的"商品"。这里还有很多"小型广场"，促进了班级之间的学习与讨论。

在各种能够相遇的地方，诸如带有项目展示的邂逅、研究小组、朋友聚会的场所和周边的自然环境，都布满了全新的设施。

大学学校有着丰富的课外教育传统，孩子们可以在周围的天地里开展各种活动——伐木、孵化鳟鱼、制作枫糖浆，还可以对各种动植物进行研究。

通过沿着湖岸延伸的翼楼，我们将建筑与水陆连接在一起，促进了更多的交流和互动。

我们的合作者斯蒂芬·斯廷森联合景观建筑事务所在湖畔设计了类似圆形露天剧场的阶梯式石凳,这可以用来研究湖里的生物群落。湖水也可以通过管道直接输送到生物实验室。科学实验室位于底层,所有的大门都直接开向户外。学校饲养的鳟鱼在"上议院"内的水族馆里悠闲地畅游。开放式的屋顶落水管让雨水的运动方式更加引人注目。

湖内的"池塘循环系统"通过不锈钢散热器终年与最深处的湖水进行能量交换,从而把湖水变成用于地热供暖和冷却的高效资源。此外,加上供热设备的改造,意味着扩建后的学校并没有增加能源的消耗量。

即将放入池塘的热交换散热器

为适应不同的教学风格，设计师采用了多模式教室，并且可根据学习内容，可以在一堂课内开展多样的活动。整面的墙壁都可作为书写使用的白板或者投影的屏幕，而对面的墙壁上则装有吸音的告示板。有教师反映，由于它能够让室内更为安静，所以有助于让学生的注意力更加集中，从而更好地参与到课堂活动之中。

教室内的课桌是采用建筑现场采伐的橡木制成。

之前的科学实验室被改造成为艺术和音乐教室，由于对原有结构的喜爱，所以设计师只对这里的照明系统进行了更新，并在顶棚增加了悬浮的吸音板。

鉴于数字技术与音乐和美术的结合比以往任何时候都更为紧密，故这个数字艺术中心工作室成为了这一区域的连接枢纽。

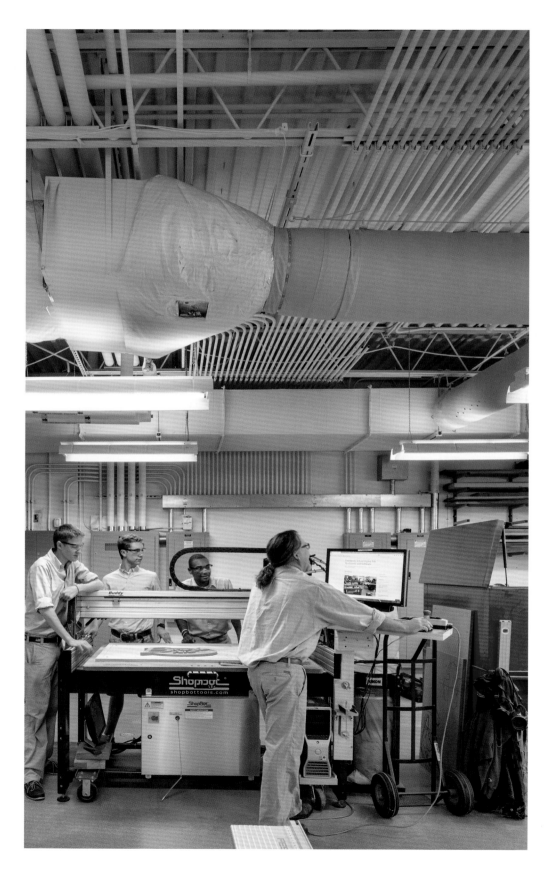

男孩子们在工场内学习技能是学校的另一项传统，这一传统可以回溯到很久以前。那时，很多工业巨头都希望自己的儿子能够对制造业有一个完全彻底的了解。本着这一精神，这座建筑的很多细节，诸如栏杆、落水管、灯具、镶板和覆盖面板等都显示出制造者为他们的学习进行了考虑，同时也体现出制造者的精湛技艺。

山间的房屋

贝拉斯-迪克逊数学与科学中心, 伯克希尔学校, 谢菲尔德, 马萨诸塞州

当我们赢得了新的数学与科学中心的设
计投标后, 便开始了在伯克希尔学校的工
作。我们关注伯克希尔的两个重要传统
元素: 带有山墙的灰泥建筑构成的令人
过目难忘的校园, 以及与环境和谐共存
的历史。

新建筑的工地毗邻校园的中心区域——"巴克山谷"。我们希望新建筑能给这一区域增添魅力，并表达对山谷顶部的一座教学大楼——"Main"的敬意。同时，我们把新建筑视为通往后面大山的门户之地，在这里不仅可以进行研究，还可以享受美景。所有的实验室均采用了类似温室的玻璃墙壁，可将外面的山色一览无余。

我们再次与斯蒂芬·斯廷森联盟合作，在建筑的周围设计了湿地和渗透性良好的地面，创造了可持续的环境。另外，通过测试花园的土地以及可视的雨水排泄的路线，还起到了教育的作用。由斯廷森栽种的树木使森林延伸到了建筑的背后，因此新建筑显得尤为突出，也成为了大山和"山谷"之间的边界。

建筑内的公共空间与教室和实验室有着同样重要的地位，这里的每一个角落和长椅上都可以找到各式各样的非正式座位，促进了师生之间的交流互动。

为了促进节能和可持续性，提升精神状态，设计师通过设计使自然的光线从四面八方进入到内部，也将电力照明的需求降至最低。

教室和实验室均设有内部的窗口，可以向来访者和其他的学生展示正在进行的各种教学活动。实验室采用了高效的布局方式，共享了先前的储存室，不同的教师可以方便地使用同一间实验室。大厅内的镶板令人联想到原来校园内的建筑风格。

因为难以继续满足学校的需求和消防
规范，一座提供教室和宿舍的老建筑
被拆除重建。其内部新建的报告厅的
吸音天花板上排列着宽度各不相同的
板栗色嵌板，宛若一条条缎带，令人赞
叹不已。

虽然为了适应场地条件，新建筑只能选择
南北走向，但是我们与可持续性咨询公司
Atelier Ten 共同对自然采光和能源利用进
行了研究，从而充分利用场地条件和自然
光线。

- 出于节能和投资回报率的考虑，我们对建
  筑的绝缘性和"皮肤"进行了优化。
- 采用生物燃料锅炉，充分利用该地区丰富
  的废弃木材资源——木材被分解成细小
  的碎片后，就近被压缩成燃料芯块。
- 之前提到的湿地可将雨水导入一条横穿
  校园的小溪。
- 在夏天的夜晚，从山上滚滚袭来的清凉
  空气透过敞开的窗户飘进建筑的内部，
  起到了冷却的作用。

Past, Present, Future

LancasterHistory.org, Campus of History,
Lancaster, Pennsylvania

过去、现在与未来

兰卡斯特历史学会，历史学校，兰卡斯特，宾夕法尼亚州

在我们初始的总体规划中，将兰卡斯特历史学会与毗邻的麦田和詹姆斯·布坎南总统的故居合并在一起，形成了历史学校。反过来，这里也就成了兰卡斯特历史学会，这个大型的附属建筑为学会的图书馆和档案室增加了空间。

我们没有倾向于以前任何时代的风格，而是瞄准了现代的风格，不过还是从当地的文化遗产中得到了很多灵感和启发。

随着中心的随机车道被取消，一条新的
车道环绕着建筑的场地，使学会展现了临
街的风采。

新的翼楼包括用于展览和会议的空间，得益于北面的玻璃墙壁，这里犹如艺术家的工作室一样，拥有极好的间接照明效果。

该建筑具有极高的节能效率，在很大程度
上是由于采用了半地下的结构。设计师将
办公室设置在地下部分，从而最大化利用
了公共空间。一座下沉式的岩石花园使阳
光从南面照进办公室，同时还保护了内部
的私密性。

在倾斜的屋顶之下所采用的材料令人回想起兰卡斯特的谷仓，这些谷仓的顶部由天然的木梁和粉刷成白色的木板制成。

整个建筑都具有极好的灵活性，每一个空间都能实现多种用途，既可以举办展览，也可以进行接待和讲座活动。而且入口大厅接待处的前台也可以在举行活动的时候被移走。

报告厅采用了灵活性设计,可以用作展览和聚会的场地。与其他的大厅一样,采光也是以北面的光照为主,但是这里南面也有窗户,因此采光效果更佳。这些窗户上都有一个大的飞檐,可以遮挡夏日强烈的阳光。

通过"后门"可以到达麦地和周围的树木园,因此,该建筑也成了进入整个校园的门厅。

地下的档案馆有很多窗户,即使在没有展览的时候也可以向人们炫耀全部的收藏。

启迪思维

小海伍德·托马斯国王中学, 斯坦福, 康涅狄格州

这所拥有 12 个年级的学校最初是由两个邻近的
家庭创办的学校合并而成。我们设计的新学校
是一座带有暗色外墙的两层建筑, 与相邻住宅
区相比, 外观显得十分低调。

从入口进入之后, 是一个高达两层的椭圆形大厅, 明亮的自然光线通过顶部的天窗照射进来, 使这里与暗色调的外墙形成了鲜明的对比。这里就像一个市镇的广场, 是人们进行即兴交谈和学习交流的理想场所。学校的教室和办公室都环绕在这个公共空间的四周。

这座建筑的造型虽然简单，可教学设施却一应俱全——设有各种教室、实验室、艺术工作室、音乐教室以及一个大型的多功能教室和多媒体咖啡馆。置身这里，会自然地产生一种安全感。办公室被精心布置在附近，内部人员可以透过朝向内部和外部的窗户轻松地监控学生和来访者。

窗户基本都开设在墙壁的边缘或者接近天花板的位置，
使得内部的自然光线十分充足，并通过反射作用增强室内
的采光度。

家庭风格

乔特·罗斯玛丽·霍尔学校宿舍, 瓦林福德, 康涅狄格州

两座宿舍楼彼此相连（男女各一座），为这所杰出的学校提供了8套教师公寓和80套学生公寓。每座宿舍楼被划分为四个大厅，每个大厅均设有一套教师公寓和十套学生公寓。每层的两个大厅之间通过入口大堂和休息厅相连，因此，在必要的时候，一名负责管理的人员可以方便地监视两个大厅内的情况。

乔特学校与附近的瓦林福德居民区之间有一条无形的边界。为了使这个大型的宿舍楼更为和谐地融入到邻近居住区的环境之中，我们将建筑朝向街道一面的规模大小设计得与邻近区域相当。建筑的其他部分则呈阶梯状向下延伸到学校的操场旁边，隐藏了巨大的楼体，同时还为宿舍提供了可以远眺的视野。

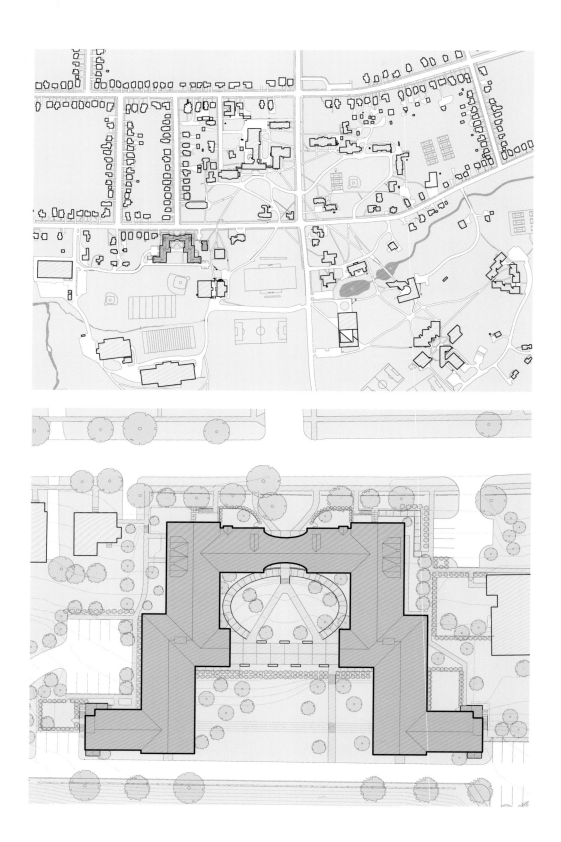

尽管学生们在这里感到十分安全, 但是与外部世界接触时, 新生的家长还是会为他们担忧。为此, 我们在建筑的中部设置了一道拱门, 将内部庭院与外面的街道隔开。教师公寓也设置在综合建筑的顶端处, 也起到了"警卫室"的作用, 这样, 内部庭院就变成了学生的欢乐天地。庭院里有两个彼此相对的门廊, 男生和女生可以由此分别进入属于自己的宿舍楼。

虽然休息室看上去更适合两三人的小聚，但是这里最多却可以容纳 40 人进行休息和举行各种宿舍范围内的聚会活动。这怎么可能呢？原来，在有需要的时候，靠着墙壁的长椅可以提供更多的座位。

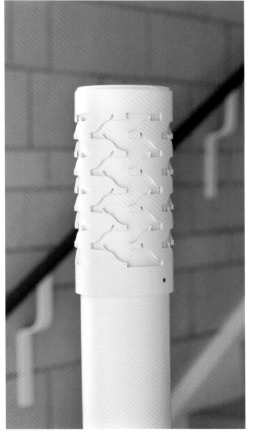

我们以埃舍尔式的蚀刻方式，用学校的吉祥物——"野猪"图案装饰了楼梯扶手的转角柱。

在每个毗邻的宿舍大厅尽头，都有一个为教职人员配备的装有荷兰式两截门的书房。因此，他们可以方便地通过视觉和声音来监控学生的动态，也可以在这里与学生进行辅导和咨询活动。

书房可以作为一个缓冲区域，提高了教师公寓的私密性（反之，对于那些不愿听到婴儿和宠物叫声的学生也是一个很好的缓冲区）。

综合建筑的每层被划分成十个学生宿舍，因此它们的内部生活社区显得很小，也更具人情味。

教师公寓拥有宽敞的客厅和餐厅，配有内置座椅，另外还有一个壁炉，学生们偶尔可以在这里举行各种娱乐活动。

由于教师公寓位于综合建筑的尽头，在背向学生公寓的一面拥有自己的门廊和院落，可以尽情享受生活。正如人们所说，毕竟教师常年居住在那里，那里就是他们的家。

当然，我们的一切努力都是让在这里短暂居住的学生能够找到家的温馨感觉。

游戏、规则和比赛

科尔曼-海曼网球中心，耶鲁大学，纽黑文，康涅狄格州

为了适应美国大学体育协会（NCAA）的比赛要求，耶鲁大学需要对原有的一座具有工业金属般外壳的体育馆进行扩容，原来的四块室内网球场将增加一倍。与此同时，我们还增添了相同的外壳，并用清新活泼的入口和大厅将它们连为一体。

耶鲁方面要求我们在不增加新元素的前提下，将相邻体育设

施的砖头制作风格体现在新建筑上，于是我们把支柱做成了传统的红砖样式。也正是肯特·布鲁莫尔设计的带有精美曲线的独特柱顶，才使这些平凡的立柱变成不可思议的神来之笔。

由于建设场地呈倾斜状态，所以新球场比原有的球场低 1.2 米。无论是少数人的放松练习，还是有数百人观看的大型比赛，大厅都为球员和球迷提供了观看两边场地的极好视野。由于看台高悬于球场的边缘，所以前排就坐的球迷们也可以免于玻璃隔离墙对视线的干扰。教练也能拥有更近的距离去激发球员的斗志，同时还可以激起球迷的激情。

场地悬挂着印有耶鲁网球名人画像的纪念条幅，同时也对上方工业化风格的结构起到了遮蔽的作用。在日光的照射下，休息室内显得生机盎然，而球场内却没有耀眼的阳光。吸音材料的采用也使大厅免受赛场喧闹气氛的影响。

为了使球队的教练们能够在全部的八块球场之间快速移动，我们设计了坡道，把每个球场之间以及它们和休息室之间连通起来。坡道的旁边还设有移动式窗口，上方配有照明灯具及倾斜式的固定支架。

填补巨碗

耶鲁碗: 肯尼家族运动中心和詹森广场, 耶鲁大学, 纽黑文, 康涅狄格州

耶鲁碗体育场设计于 1912 年, 其宏伟壮观的大门直接通到场地的 50 码线。不过, 这个大门并未建成, 使得场地的一侧仿佛 "缺了门牙"——留有巨大的缺口。在新的肯尼家族运动中心, 这一缺口将被填补, 并将恢复原有设计中的三座拱门和楼梯。这只是为了满足新用途, 当然, 布局也会有所改变。而且建造中采用的灰泥和色彩也与原来的耶鲁碗相一致。

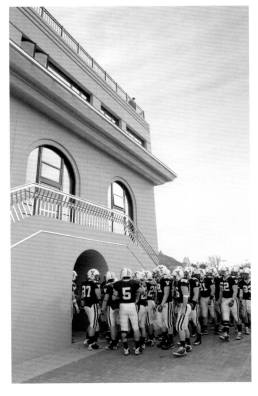

在过去，半场休息时，球员的宝贵时间都浪费在去往遥远的更衣室的路途上，或是在黑暗的隧道中相遇。在巨碗的顶部，有一个建于 20 世纪 60 年代的可以用于校友聚会的新闻媒体看台，它虽然带有顶棚，却不防风。

所有人都渴望更加完善的设施，我们用两层的球队休息室和校友室将原来的缺口填补。而且顶部校友室的一面完全向看台开放，前部还有一组窗户，可以看到北面其他的运动场地。

在中心前面铺设着花岗岩的詹森广场上，设有长凳、护栏和各种旗帜，新的入口大门上带有"Y"型图案，犹如一件铁质工艺品。

大门之外矗立着斗牛犬——帅气丹的青铜雕像，它在 1887 年就成为耶鲁的吉祥物。主人将它的标本放置在佩恩·惠特尼体育馆内，而这个雕像则是在标本的基础上放大了三倍（3D 打印）制作的。

在耶鲁显赫的历史中，大学美式足球队每一名球员的名字都镌刻在詹森广场的花岗石块上，令人肃然起敬。

微小——庄严

瑞茜体育场, 耶鲁大学, 纽黑文, 康涅狄格州

瑞茜体育场是在先前看台破旧的学校足球队和曲棍球队的场地上新建而成，坐落在巨大的耶鲁碗旁边。虽然它体态小巧，但是带有遮盖的拱廊却令它显得十分庄严。

拱廊面对的肯普纳广场与邻近的耶鲁碗和詹森广场共同形成了一个全新的"运动村"。由景观建筑师史蒂芬·斯廷森设计的前庭错落有致，中部有一个用于获胜演讲的讲台，还有数量众多的长椅迎接成群的球迷。

瑞茜体育场的拱形外观令人联想到马路对面的耶鲁碗和耶鲁棒球场的拱形结构，这种共同的造型将耶鲁人的团结凝聚在一起。在拱门的后面有两条坡道，通向三座露天看台的入口大厅，还有一部直通顶部的电梯。

体育场两端的对面，设置了出售耶鲁大学各种比赛（包括相邻的耶鲁碗举行的美式足球比赛）门票的售票亭，还有食品特许经营摊位。

这是一个可持续性建筑，由热压处理的绝缘
混凝土砌块墙体被灰泥覆盖，从而减少了内
部对于加热和制冷的需求。

朴实无华的墙面上只是点缀了少量的装饰图
案，但镀锌围栏上的图案和暗影却十分迷人。

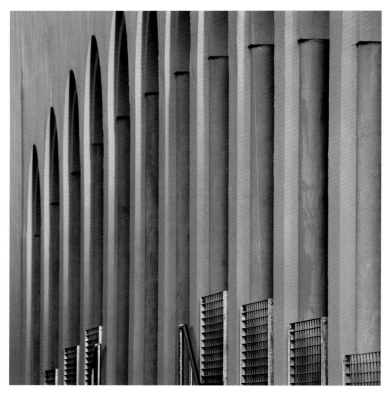

悬臂式露天看台使球迷与赛场的距离更近，并且可为下面的运动员坐席和通往四间球队休息室的入口提供遮挡。

看台上有一个突出的房间，用于新闻报道和摄像，并带有开放式的屋顶平台，上面可以为记者和摄影记者提供开阔畅通的视野。在它的两侧各有一个"天空盒子"，其简单织物做成的罩棚令人联想到古罗马的竞技场。

古风新韵

刘易斯·沃波尔图书馆, 法明顿, 康涅狄格州

"左撇子"W. 刘易斯把这座 18 世纪的房子连同他收藏
的约 3 万册书籍和其他 3 万件印刷品以及物品留给了耶
鲁大学。这些收藏大部分出自于 18 世纪英国著名的文
学家霍勒斯·沃波尔之手, 且他的生平也成为刘易斯创
作激情的源泉。

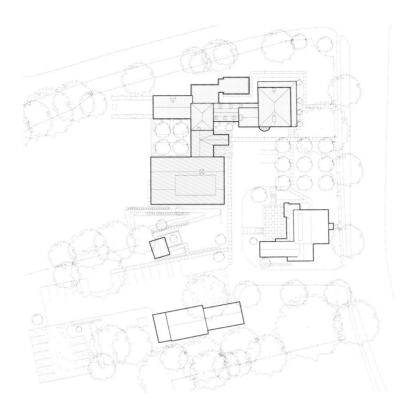

这个礼物让耶鲁陷入了两难的境地，如果按照这些古老收藏品所需的空间和环境要求进行大规模的扩建和改造，那么这座房子的原有风格就很难保留下来。并且，它坐落在历史悠久的村庄里，屹立在一条久负盛名的街道旁，被众多的邻居所关注。

什么样的大型建筑最适合农村的环境？当然是谷仓。新增的建筑与康涅狄格农场的传统风格保持了一致，原有的古老木屋被保留并作为博物馆，其住宅般的外观和规模也依然保持原样。

新增建筑的面积达 1115 平方米，包括一间宽敞的阅览室和现代化的收藏品储存、办公人员以及藏品修复等相关的工作区域。新建筑也体现了可持续性——采用了地热空调和调节雨水的湿地，建造中还大量使用了可再生木材和其他可再生材料。

原来的图书馆也基本被保留下来，只是做了一些小的修改，书架上部的那些瓷罐使这里略微增添了一丝光彩。

精心设计的新入口和建筑之间的连接，实现了从现代到历史之间的逐步过渡。

高性能

克鲁恩大楼, 耶鲁大学, 纽黑文, 康涅狄格州

当耶鲁为林业学院规划新的校舍时, 把我们和伦敦著名的霍普金斯建筑事务所找到一起进行合作。我们抓住了这次机会, 不仅学习到了先进的欧洲能源技术, 还在合作中建立了深厚的友情, 其中的经历和感受也颇为丰富。该建筑获得了 LEED 白金认证, 成为可持续性设计的旗舰作品, 并得到了广泛的认可。

尽管从外观上看, 它显得很简单, 但是实际上却非常复杂——不仅设有一个地下车库, 在草地广场的下面还有一个装卸码头。先进的机械系统和复杂的结构共同创造了这座大楼。建筑采用了露石混凝土, 可以作为热"电池", 其线性的造型也能让日光贯穿而入, 以上这些因素都大大降低了建筑对能源的需求。

人性化的风险投资环境

投资事务所，新英格兰

当时，这个极其成功的投资集团正在扩建原来的办公场所。尽管他们厌恶现代华尔街主宰一切的浮华，但是仍然要展现自己的魅力去吸引最优秀的人才进入集团。最终，采用了木制的简约设计风格、优雅的实木结构和遍布室内的日光令这里显得暖意融融。

由于客户是一个大型的工作团队，因此，所有的墙面在桌面以上的高度均安装了玻璃窗。在需要保护隐私的部门，窗户上均采用了磨砂玻璃。

无论是西装革履，还是身着周末的便装，在
这里都会感到无拘无束。舒适安静的办公氛
围，让人们无需任何要求便可全身心地投入
到工作中去。

天花板和灯具采取了重复图样的形式，令人
回想起过去办公室内的地毯图案，从而提醒
人们这里曾经是它们之前的办公室。在天花
板木板条的上方设有吸音垫，可以降低工作
区域的噪音。

新式木屋

雷克伍德住宅，新英格兰

这座具有乡村气息的住宅坐落在湖畔的松林之中，以亲和的姿态矗立在大自然之中，并俏皮地模仿着自然。

"向阳性"的棚式屋顶跟随着太阳的方向向南展开。它们伸出墙壁之外，恰好在下面形成了一个带有遮蔽门廊，在炎热的夏日，人们可以在这里避暑乘凉，在寒冷的冬天，则可以在这里享受冬日的暖阳。

屋顶也起到抵挡北风的作用，使室内更加温暖。同时，屋顶上分布着众多树叶形状的天窗，不仅可以让更多的日光进入室内，还仿佛与周围的树木一起悠闲地共舞。

雷克伍德住宅实现了与周边自然环境的和谐共生。不但采用了地热供暖和制冷技术，以及丰富的绝缘材料、保温材料和当地的天然材料，还引入了被动式太阳能设计。夜晚，室内的石壁将白天吸收的日光热量散发出来。住宅的地板、天花板和橱柜都是采用了同一个大型农场的樱木制作而成。

在冬天，高效的回风式暖气可以将吸收的太阳能热量散发到整个房间。

在过去，木屋内通常会有很多用狩猎战利品的头颅制作的饰物。然而，战利品在这里变成了"地质"收藏品，它们均被镶嵌在滑石覆盖的客厅烟囱上（其后隐藏着一个高性能俄式火炉）。

令室内灯火通明的磨砂吊灯巧妙地将垂直排列的灯具隐藏起来，这个平衡的装置也便于灯泡的更换。

充分开放的房间与带有屏蔽的门廊连接在一起,使整个住宅犹如一座开放式的凉亭,充满了林地与湖泊的天籁之音和芬芳气息。在夜晚,餐厅顶部宛若星座般的灯光唤起人们对远处夜空的向往。

充满情趣的元素在住宅内也随处可见,使人工的元素与自然随意的元素形成鲜明的对比。在盥洗室内,连接在一起的树枝构成了一个高悬的框架,高处的灯光将其自然形状的影子投射在地板之上。床边的书架仿佛用盒子随意堆放在一起,极具生气。造型各异、大小不同的柜橱也随处可见。

湖边的树木和门廊上的圆木把公众的视线挡在外面，然而室内的人们却可以将湖面的风光尽收眼底。

简约的船库背靠森林，是通往湖面的入口。用剩余的圆木堆成的金字塔造型显得很有创意。

旋转风轮

家庭基地，康涅狄格海岸

家庭基地勉强算得上是一个经过翻
修的海滨住宅。在发现地基下沉之后，
除了烟囱之外，原来的房子几乎被夷
为平地。

出于怀旧，我们重新复制了原来的厨
房，那时正是房主的三个孩子成长的
时期。

新的住宅布局以壁炉和厨房为核心，
仿佛纸风车旋转的弧形风轮。

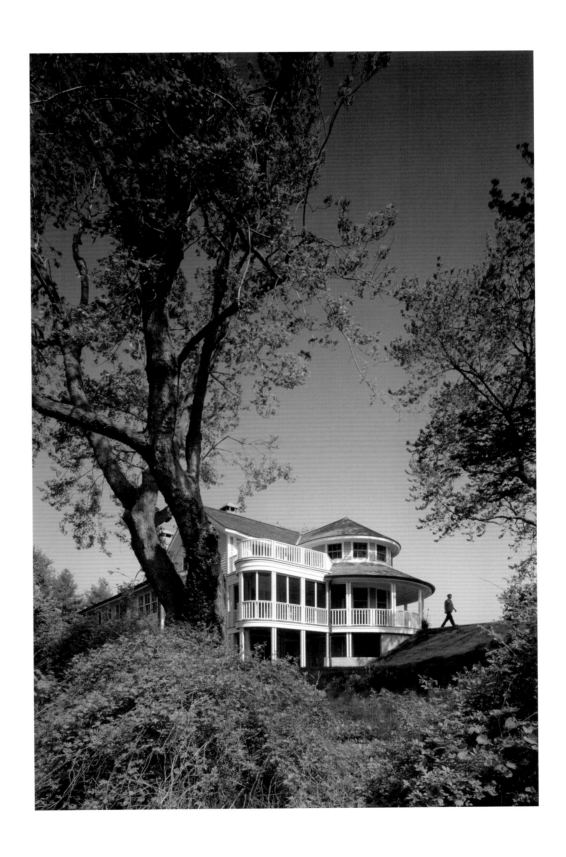

由于家庭的新一代成员已经成长起来，并且经常要回到这里，因此门廊和房间要能够接待大量的人员，满足人们在室内外的各种庆祝活动和就餐需求。长长的客厅变成了宴会厅，门廊也与地面处在同一水平面上，使得参加聚会的人们可以方便地进入草坪。

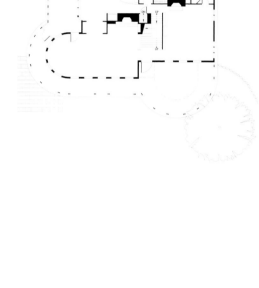

在冬季，室内的阳光是尤为重要的，对于一个大型的图书馆也是如此。为了同时满足这两个目标，我们把书架与楼梯结合在一起，形成了一个充满生机的中庭。我们还为书架设计了可移动的滑门，人们可以根据需要从任何一侧取放书籍。客户告诉我们，这个空间在满月银辉的映衬之下最为迷人。

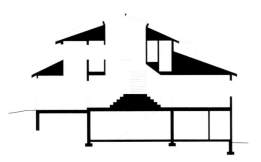

凤凰

齐默尔曼的住宅，康涅狄格州

客户的房子曾经毁于大火，只剩下一道
石墙和烟囱。他们希望能在原地重建，
但是预算（主要是保险赔偿金）却十分
有限。于是我们设计了一个非常简单的
分离式住宅，位置也有所改变，从而通
过幸存下来的石墙与壁炉形成的墙壁
创造了一个入口院落。这样也在字面上
表达了"热烈欢迎"的含义。

FIRST FLOOR PLAN

房主是瑞士后裔，对瑞士的深厚情怀
体现在灵活的 Eckbank 模块组合家具
上——餐厅的早餐桌和服务台。屋内
的壁龛和搁物架也很多，用来展示女
主人高超的制陶技艺。

生物——逻辑

沙丘中的住宅，北卡罗来纳州

这个位于外班克斯岛（外滩）的避暑住宅离地面很高，用以抵御暴风雨和洪水的袭击，并且还有一个超大型家族居住在里面。

夫妇二人都是以研究微生物开始的职业生涯，因此我们设计了两个螺旋结构向他们致敬。室内的双螺旋结构是一个反映进化的玻璃艺术品，围绕着中心向下旋转。室外的螺旋结构则是一部楼梯，不过它不通往任何地方，只是用来观光的。

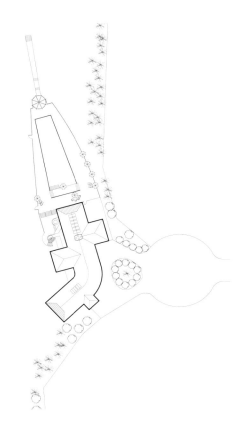

终于回家

西蒙与贝拉米的家，布兰福德，康涅狄格州

经过多年的谈判之后，我和妻子彭妮·贝拉米终于从好友（也是同班同学）埃里克和艾莉森·切斯的手中买下了这座建于 1918 年的住宅主体部分。

在我们的两个孩子长大成人以后，我们巧妙地将房子的规模扩大了一倍。现在，这里吸引着我们的孙子，成为他们的乐园。庭院内一个较小的亭阁形成了一个露台。

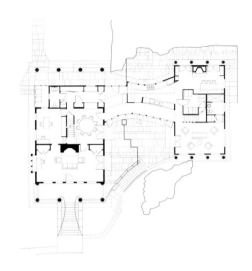

那只青铜铸成的青蛙雕像是我为耶鲁的儿童研究中心制作的，因此，它在这里无数次地试验着将水喷入窨井的入口和溪流中。

露台的规模和样式令人联想到中古西班牙摩尔人心爱的宫殿庭院，阶梯式的水槽最终将水沿着楼梯向下溢出。

我们增加了一座带有立柱的房子，它是原有房子的缩小版，并与厨房相连，这样的设计就像浸润作用一样（张开蘸湿的手指时，手指之间的水产生的张力）。两座亭阁的前后都有很多立柱，仿佛古希腊的庙宇。

亭阁的内部以蓝灰色调为主，但是中部入口和厨房却洋溢着与其互补的亮丽橙色。

楼梯部分的墙壁被涂上了我们最爱的浅蓝色，犹如矢车菊的颜色，与从上面洒下来的日光交相辉映。楼梯通往一间新增的卧室和上层类似 T 台的过道，这条过道把房子的两个部分连接在了一起。

我喜欢用棒状的物体设计制作
装饰图形和图案，这一种原始、
有趣的设计，更是基础的设计。

CHAD FLOYD
查德·弗洛伊德

建筑中的隐喻

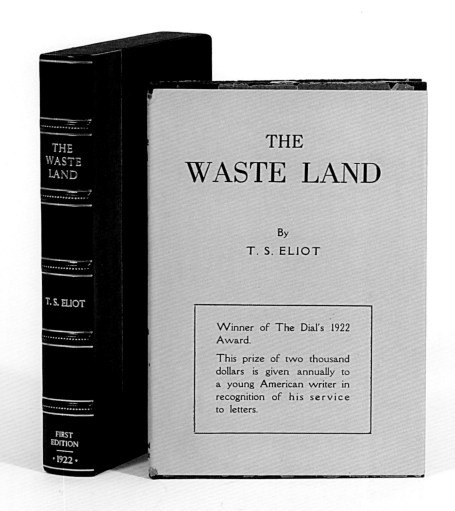

在大学的时候，我曾经是 T. S. 艾略特的崇拜者，他以隐喻著称，是 20 世纪著名的英美诗人。他创作于 1922 年的杰作《荒原》中充满了隐喻的修辞手法。我很喜欢艾略特将亚瑟王的传奇和圣杯的传说结合在一起的片段。

教授们认为他的文学暗示比较晦涩难懂，但是我得出的结论却是——如果仔细阅读，艾略特 1922 年的创作实际上就是写给广大的读者的。我有着某种优势，可以不经意间品味出艾略特诗歌的主要创作来源——布莱姆·斯托克写于 1897 年的哥特式小说《吸血鬼伯爵德古拉》。

这正是学者们认定的情节低俗、不值一提的小说。结果，当令人尊敬的教授们正在为艾略特的《荒原》第五部分（雷霆之声）中的亡灵形象的原型而感到困惑时，但对于我来说，它的创作来源是显而易见的。

仔细思考一下下面来自艾略特诗歌中的诗句：

"长着婴儿面孔的蝙蝠在紫光中嚎叫，拍打着翅膀向下面黑暗的墙壁缓慢爬行……"

斯托克笔下的蝙蝠人顺着城堡的墙壁向下爬行的画面在当时十分著名，并作为该书 1901

进入建筑领域之前，我主修的专业是英语，这一特殊的背景使得我经常以文学的视角去审视建筑设计。因此，设计建筑在我看来就如同作诗一般。

在诗歌当中，隐喻是最有效的修辞方法。它可以通过一些易于理解的事物帮助读者去领会诗歌的主题和要旨。诗歌隐喻的目标或载体激发了脑海中熟知的事物，增强了读者的理解能力。即使有时候读者不能辨别隐喻载体的全部要点，但是这种引用却至少可以增加诗歌的韵味。

我认为隐喻对于建筑也同样有效，只是体现在视觉上而不是写作方法上。与诗歌中的隐喻一样，建筑中的隐喻也会给体验建筑的人们带来似曾相识的感觉。这对于我设计建筑也同样有所帮助，因为我发现当我思考一个建筑可能是什么"样子"，或是"代表"什么的时候，思想会十分集中。

年和 1916 年平装版的封面插图。到了 1922
年，也就是《荒原》出版的那一年，斯托克的
小说已经十分流行，广受欢迎。因此，艾略
特很有可能希望读者能够理解他在诗歌中
对《吸血鬼德古拉伯爵》著名角色的引用。但
是，在 40 年以后，在耶鲁大学的教室里，你
可以肯定的是，除了我之外，没有人会阅读这
样一本无聊透顶的书。之后，当我拜读了艾略
特 1921 年创作的里程碑式的散文——《传统
与个人的才能》——之后，更好地理解了艾略
特对流行文化的亲和态度。在文中，他提出诗
歌的真正价值和意义不仅仅是情感上的宣泄。
他认为诗歌和任何形式的艺术都需要通过传
统方式且明智地表现出来，也就是说，一切
都来自于上层文化和底层文化中的传统。在
他的理论中，文化应该通过对过去的引用积
累而体现，而这些引用将会使各个阶层的读
者获益匪浅。

于是，我也想到了建筑的设计。因此每当一个
项目开始的时候，我总是在想如何在建筑中
恰当地运用隐喻。我考虑那些熟悉的或是不
熟悉的场所或物体，认为人们可能会在某种
程度上理解它们，将它们联系起来，或是对
它们产生兴趣，我也经常把它们混合在一起
（我承认这本不会让我的九年级英语老师感
到惊讶）。

在下面的篇幅中，我将与您分享我设计的 24
个建筑中令我兴奋不已的隐喻。为了清楚起
见，无论何时，当隐喻的内容首次出现时，我
会使用下划线将它们标明，也会用灰色的边
框突出用于隐喻说明的插图。

1916 年版的《吸血鬼德古拉伯爵》封面

河畔漫步

弗洛伊德的住宅, 埃塞克斯, 康涅狄格州

在构思为我的家庭(我和妻子布伦达以及我们的两个孩子——麦基和洛根),即位于康涅狄格河畔一块美丽的土地上建造新家的时候,当地悠久的航海史进入了我的脑海。从殖民地时期一直到19世纪,我们这块土地一直被用于建造商船和武装民船。美国的第一艘军舰奥利弗·克伦威尔号也是在附近建成下水的。美国海军用来制造缆绳的狭长低矮的工棚也在我们的土地附近存在了几代人的光景。

这些与海洋有关的历史传奇使我们思考着河流,还有19世纪美国丰富的历史故事,以及平底的内河船。它们在很多绘画、版画以及摄影作品中都有记录,但是就我所知,没有一个能够存留至今。从建筑学的角度看,平底的内河船是很有创造力的,并适合它们的用途,也是非凡的建筑成就,不过却输给了时代。我们认为它可以作为住宅的一个有趣的隐喻载体。

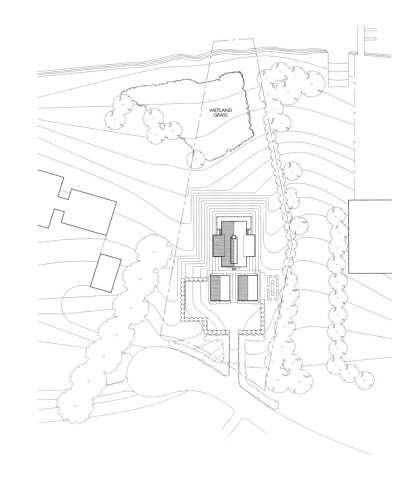

约翰·华纳·巴伯于1836年创作的以河畔地区为主题的木刻版画

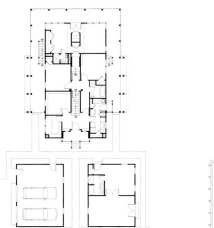

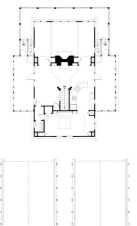

200

We put our living (passenger) spaces upstairs
to capture distant views of the river, and
we put our bedrooms downstairs where
they'd be shaded by a walk-around deck.
我们把起居（乘客）空间设在楼上，方便远
眺河面的风光。同时，将卧室设在楼下，恰
好被可以漫步的甲板遮蔽。

在这幅来自约翰·斯图巴特的印制画面上，一艘平底内河船正在
驶向纳齐兹·兰丁的浮动货仓，使我们设计住宅的构思迸发出灵
感的火花

下层配有货运小艇的甲板主要用于存放农产品货物，而
上层甲板则是供乘客使用的

201

平底船桨轮处的楼梯设在中部，朝向正前方。因此我们住宅
的楼梯（上）布局也如出一辙，通向上层更加宽敞的空间

乘客的休息大厅位于上层的甲板，中部设有钢琴和一个大肚
火炉。在我们楼上的休息室里（上），中心位置则换成了壁炉

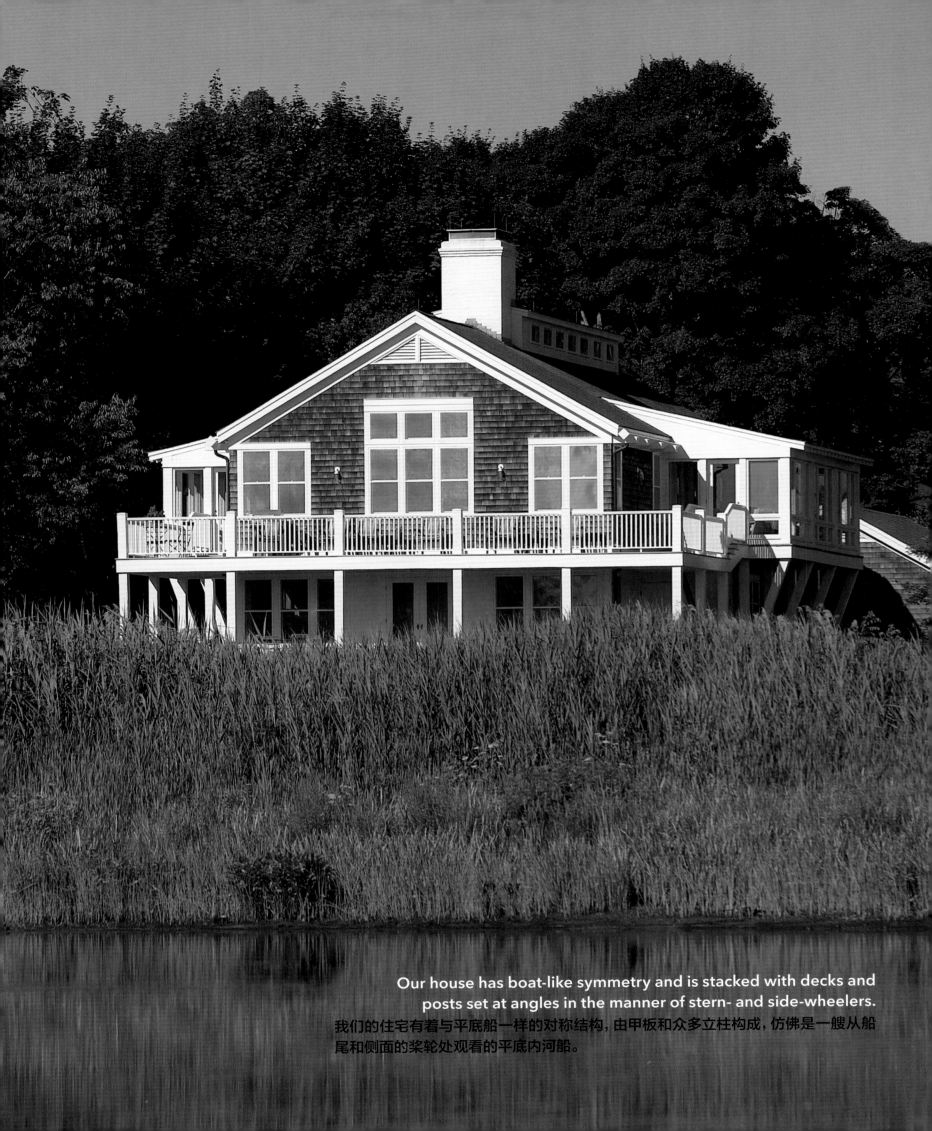

Our house has boat-like symmetry and is stacked with decks and posts set at angles in the manner of stern- and side-wheelers.
我们的住宅有着与平底船一样的对称结构，由甲板和众多立柱构成，仿佛是一艘从船尾和侧面的桨轮处观看的平底内河船。

The Geometry of the Sea
Mystic Seaport Museum, Mystic, Connecticut

大海的形状

米斯蒂克海港博物馆，米斯蒂克，康涅狄格州

鉴于客户要求把米斯蒂克博物馆新增的汤普森展馆设计成能够代表
该机构身份和形象的建筑，我们在该机构的子名称——美洲和海洋
博物馆中找到了隐喻的灵感。

我们采用了胶合的木制拱肋结构，并希望以此来暗示帆船采用的
是"顶级木料"，而且这些弧形的元素还勾勒出了一艘船体的形状。

东侧碎波浪式的入口

米斯蒂克河西侧的外观

我们用木桁条铺设在肋拱之间，与船体表面的木制铺板十分相似。我们使用的胶合木制构件都是采用来自加拿大的道格拉斯冷杉木制成的。美国内战结束以后，西部的森林被开发利用，这种木材一直是新英格兰地区造船厂的首选。

展馆的内部空间（顶部），入口大厅（右），平面图（上）

我们的意图是通过一个木制的"结构空间"使人们联想到对船体的内部构造。为了支撑沿着北侧新建的方形庭院设置的长廊，我们采用了木制的立柱和支架杆，使其宛如帆船的桅杆。在甲板平台的四周，我们设置了用缆绳和锁扣做成的栏杆，这些索具装备营造出了帆船出海的氛围。在建筑两端的大型窗口上，我们还详尽地刻画了远洋客轮的立体剖面图。

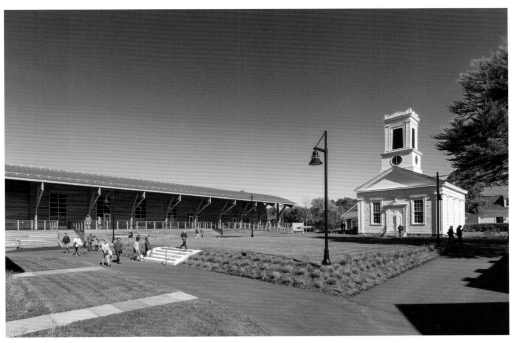

麦克格劳展馆方形庭院

我们希望建筑的整体造型能够唤起人们对自然现象的记忆，比如狂风掀起的海浪拍打着海岸的情景。在内部，我们把两端的结构肋拱变成向内旋转的涡旋形状，一直接到地面，仿佛海洋生物螺旋状的脊椎结构。

我们的建筑在总体上体现了我们所要表达的"大海的形状"——海洋生命的螺旋形状、海洋涌浪的运动、冲击海岸的波涛、扬起的风帆、远航的木船。我们发现木材是实现这些目标的最佳材料，不仅经济实用，还能在塑造复杂生动的几何形状的同时，构成大跨度的密闭和畅通的空间。

从左上角顺时针方向开始：木船的内部构造、卷起的巨浪、鼓起的风帆、会议室、螺旋状的海洋生物脊椎

门厅的曲线结合造型

中世纪的曼彻斯特

曼彻斯特社会公共学院，曼彻斯特，康涅狄格州

这个 23226 平方米的建筑除了庞大之外，毫无特点，因此我们设想将曼彻斯特社会公共学院变成一座围城。于是，这个由一层建筑构成的学术村落摇身一变，犹如一座带有城墙的古代城邦。我们把这个小村落当作老城，一道长长的蜿蜒城墙将其环绕，而城墙的内部则是学院人流穿行的重要走廊。在弯曲的城墙背后，我们以向外辐射的方式直接建造了用于学术研究的建筑。

老城内的这些小型建筑都是教学楼，每一座对应着学院的一个学术部门（系）。它们构成的村落令人倍感亲切，作为校园的核心特色，人们站在弯曲的城墙窗内向外凝望，可以将村落一览无余。我们希望这样能够唤起学生对社会的关注。

中世纪带有城墙的卡尔卡松市，法国

我们在曼彻斯特社区学院带有围墙的现代城市

我们 21 世纪的城墙都市突出体现了学院的社会责任感

弯曲的通行走廊

这座围城位于整个校园的中心位置，其他学术建筑以它
为核心呈向外辐射的布局分布

卡尔卡松古城的城门，法国

与卡尔卡松一样，我们的学术城市在城墙上也有一个可以进入的城门

在城内，弯曲的玻璃城墙可以使走廊中
和楼梯上来往的行人一览学术村的全貌

在村落中心道路的尽头，有一个为学院的教职人员服务的建筑，它高度适中，我们称其为"力量之塔"。

我们认为如果以迪斯尼世界中城堡的式样作为我们村落"大街"的终结方式，那么只有高度适当的建筑才有可能正式地把这里的权威性传递出来。

迪斯尼世界的灰姑娘城堡

我们也设想在这座"力量之塔"的前面偶尔可以开展一些临时性的活动，就像斯特拉斯堡大教堂前面呈季节性出现的集市一样。因此我们在它的下面建造了一座广场，给人以热闹集市的感觉。

斯特拉斯堡大教堂前的圣诞集市，法国

阿帕奇要塞

格林斯博罗走读学校，格林斯博罗，北卡罗来纳州

为了激发年轻人的想象力，并且让学生们有安全感，我们将位于北卡罗来纳的这所中学的校舍设想成一座军事要塞。这一隐喻通过建筑的四个角楼和中心庭院四周的广场规划来体现。这个引用可以回溯到 20 世纪 50 年代像我这样的男孩子喜欢的"阿帕奇要塞"模型。

阿帕奇要塞模型组件

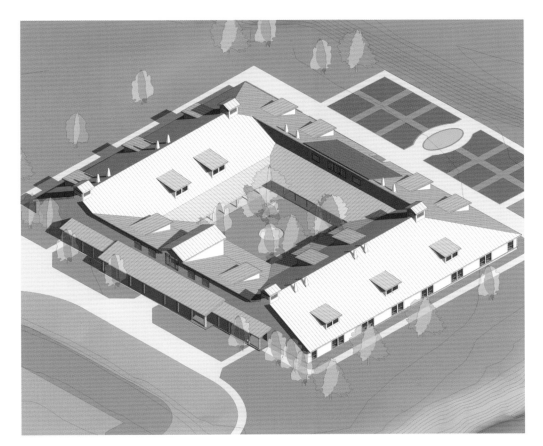

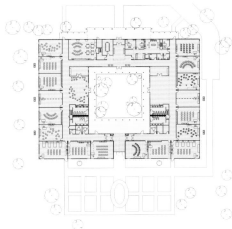

阿帕奇要塞式的庭院具有更高的安全感

带有四个角楼的阿帕奇要塞模型组件

庭院是学生们可以轻松玩耍的安全地带

建筑内的一些教学空间面向庭院开放，与外部建立了一
种既直接开放，又非常安全的关系。阳光透过屋顶的天
窗洒向四壁，令室内与自然的联系更为紧密

建筑的前部是一个对角切面，贯穿了前方的两个瞭望塔楼，使它们看上去有些像单室学校的钟塔，这也是另一种混合的隐喻

比武场

弗洛伦大学代表队大楼, 达特茅斯学院, 汉诺威, 新罕布什尔州

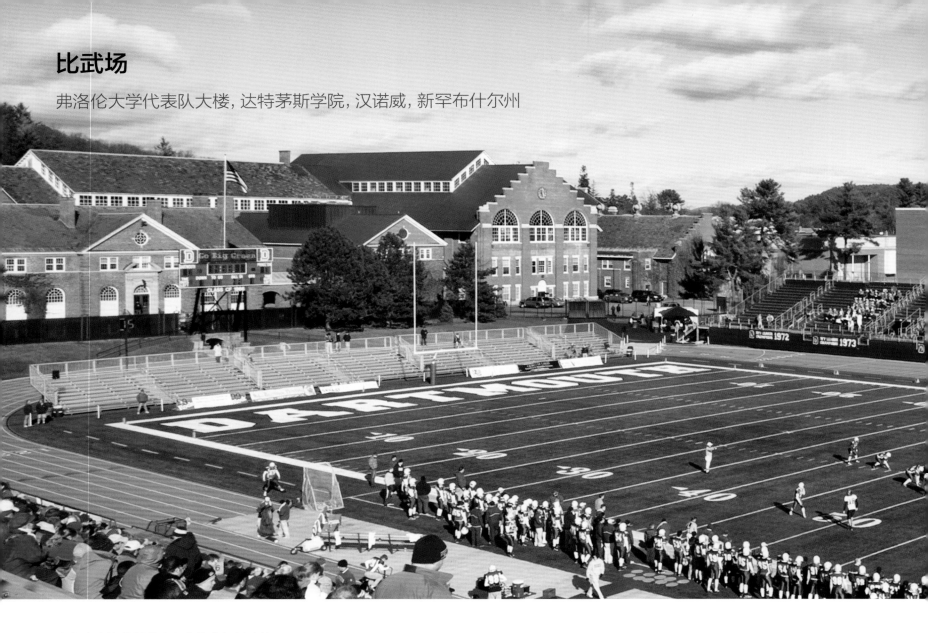

我们为达特茅斯学院纪念体育场新建的大学代表队大楼添加了达特茅斯大绿队的绿色遮阳棚, 达到隐喻的效果。因为从中世纪开始, 遮阳棚就成了比武场的同义词。它们今天依然存在, 比如萨拉托加赛马场的赛道上那些色彩丰富的遮阳棚。

在中世纪的骑士长矛比武中, 贵族和名流都是在色彩艳丽并饰有皇家图案的遮阳棚下观看比赛的

绿色的遮阳棚为这座造型简单、仿佛新英格兰地区厂房一样的建筑增添了"比武场"的特征

在萨拉托加赛马场，遮阳棚不仅为观众遮挡阳光，还未赛场增添了几许亮丽的色彩

从建筑朝向西面的大型窗内观看美式足球比赛的观众，在遮阳棚的遮蔽下可以免受暴晒之苦

庄严的致敬

自由纪念碑，威廉王子县，弗吉尼亚州

为了对威廉王子县的全体居民和 2001 年 9 月 11 日恐怖袭击中的全体遇难者表达敬意，我们与北弗吉尼亚公民委员会携手设计了自由纪念碑，这其中包含了众多的隐喻。它的形状呈五边形，令人联想到在恐怖袭击中 184 人丧生的五角大楼；两道喷出的水柱则代表了袭击中 2749 人遇难的纽约世界贸易中心。它的平台是由宾夕法尼亚的石板铺成的，代表了在宾夕法尼亚尚克斯维尔死于坠机的 40 名牺牲者。

我们的构思从五边形的五角大楼开始

我们要表达出双子塔的象征

我们的纪念碑坐落在一个小山丘之上，必须走到高处才能到达

在一个形状如五角大楼的水池中，我们用两道垂直喷出的水柱代表了世贸双子塔，并采用弗吉尼亚石板在水池的周围铺设了一个平台。一块五角大楼的石灰石墙壁陈列在通往纪念碑（中部）的路上

221

海湾州的哈利·波特

布鲁克斯学院，北安多弗，马萨诸塞州

对于布鲁克斯学院的餐厅，我们隐喻的载体是中世纪基督教会学院宴会大厅那种拱形屋顶的大梁和木制天花板，与《哈利·波特》系列影片中的背景环境十分相似。这也是激发美国预科学校创造力的那种场所。

你能想象出哈利·波特与朋友们在此就餐的情景吗

我们只在内部做了隐喻。牛津的基督教会学院（上左）坐落在密集的都市之中，而我们的建筑（右）则浮现于美国传统校园的田园式风光之中

胶合板结构的顶梁和墙壁下部的镶板让我们感受到布鲁克斯学院隐含的一丝"哈利"风采

到达点

门诊楼, 康涅狄格健康大学, 法明顿, 康涅狄格州

我们想要被送到康涅狄格健康大学门诊楼接受治疗的患者产生一种愉快的体验和联想, 就像为了愉快的假日旅行到达机场的感觉。我们认为机场送机停车处的雨搭的隐喻可能会给心理紧张的患者带来"熟悉的安慰作用", 同时还能在天气恶劣的时候提供保护的功能。最重要的是, 我们会让这个大型的雨搭展现出隆重的欢迎姿态。

由 AECOM 设计的洛杉矶机场的主要特色就是送机停车处的雨搭

我们的"送机停车雨搭"伸展双臂, 以欢迎的姿态轻松地接纳大量的患者

我们的雨搭与一个三层高的建筑相连，使这个大型建筑的规模显得更小，从而减轻患者心里的恐惧感

康涅狄格的野营集会

奥尼尔戏剧中心, 沃特福德, 康涅狄格州

奥尼尔戏剧中心是由康涅狄格一座农场的建筑改造而成, 也是美国戏剧人才的孵化器。当接受委托为其设计宿舍时, 我们建议采用小型的维多利亚式农舍来构造这个充满艺术气息的居住领地。我们的这一思想来源于美国 19 世纪盛行的卫理公会教派的宿营传统, 将其作为隐喻的载体可以为本来就魅力十足的奥尼尔戏剧中心锦上添花。

卫理公会教派的营地与南卡罗莱纳州的印第安人的领地 (1848) 十分相似 (右图), 最初只是作为宗教的修行静地出现在东部沿海和中西部地区的乡村。最终它们演变成为带有文化主题的世俗露营场所。

随着时间的推移, 帐篷逐渐被玛莎葡萄园岛上橡树崖镇的那种农舍小屋所取代 (下图)。这些小屋具有丰富的维多利亚特色: 山墙、前部门廊以及门廊顶部嵌入式的平台。

226

我们的奥尼尔小屋恢复了卫理公会教派的营地传统，
不过它们是用容易获得的现代复合材料和部件建造的。
为了便于维护，建造中没有采用木料作为建材

这一地区遍布着农舍、谷仓和维多利亚式的露台，呈
现出清新优雅的新英格兰风光，同时还可以俯瞰长岛
海峡的壮观景色

原址

改建后

奥尼尔的师生告诉我们，他们十分喜爱和欣赏便于社交的小屋生活

O'Neill students and faculty tell us they appreciate the sociability of cottage living.

门廊的上层是观赏园区的理想场所

我们对一些现有的建筑进行了修复，比如红谷仓剧院，而蓝色的小售票厅（同一图片）则被移到别处

我们的小屋为那些在奥尼尔戏剧中心参加演出的来客提供了表演场景

缺少立柱的杰弗逊风格

汤森大楼，圣公会高中，亚历山德里亚，弗吉尼亚州

弗吉尼亚州亚历山德里亚的圣公会高中是一所杰出的预科学校，以红砖和白色立柱为特色的大楼尽显托马斯·杰弗逊的新古典主义风格。学校所有建筑的正面几乎都能看到多利安式或者爱奥尼亚式的立柱和柱廊。校方委托我们建造一座全新的，并且具有标志性外观的教学楼——汤森大楼。它将矗立在校园的中心区域，背对霍克斯顿之家，这里是玛莎·华盛顿的孙女——伊丽莎白·卡斯蒂斯·劳的故居。

我们认为，若要使这个标志性建筑在校园内脱颖而出，就必须寻找一个既能尊重和体现杰弗逊的建筑风格，又能与之有所区别，具有自身风格的设计方案。

伊丽莎白·卡斯蒂斯·劳的故居——霍克斯顿之家，白色的多利安式立柱构成了圣公会高中的主题

我们借鉴了杰弗逊庄严宏伟的静养寓所——白杨林的砖结构门廊，但并不是他特有的圆柱式门廊

230

我们欲让汤森大楼不仅与校园的杰弗逊风格建筑和谐共存，还要具有独树一帜的风格。因此，几乎所有元素都设计得更接近
杰弗逊的建筑风格，只有立柱是个例外

我们看到，杰弗逊在老家蒙蒂塞洛的时候就很喜欢圆形的窗户，并将其纳入建筑之中

我们在砖结构凉廊的顶部设计了杰弗逊深爱的白色栏杆。高高的扇形窗两侧是蒙蒂塞洛建筑中的圆形窗户，构成了整个建筑的核心元素

我们的扇形窗提供了观赏外部的良好全
景视野

在传统教室的设计上，我们与杰弗逊先生产生了建筑上的共鸣，这
也正是校方所期望的

罗马风情

Welltower公司总部大楼，托莱多，俄亥俄州

我们与杜克特建筑事务所（Duket Architects）的朋友们一起合作，将托莱多的一座大型古典主题风格的办公楼翻建成 Welltower 总部大楼。客户要求我们重新设计内部，并扩大向外的视野。然而，该建筑完美的外表却是一个特殊的挑战，因为公众一直将它视为该地区的标志性建筑。客户的要求是要让它与众不同，这就使得我们必须保留原有的古典式柱廊。可是，该如何扩大向外的视野呢？

我们认真研究了伟大的经典范例——帕特农神庙，并注意到它两端柱廊外排的立柱或环境是如何与内排的立柱相互影响的。这促使我们采用全新落地窗式墙面取代了原来入口廊柱后面的砖结构立面，塑造了白色的巨大竖框造型。我们希望这是最为接近帕特农神庙门廊的内排立柱。

帕特农神庙

这里附上新的大堂，我们安装了带有厚实白色竖直框架的落地窗式墙面，令人联想到柱廊的后排立柱

翻建之前的入口柱廊

我们改建之后的入口门廊，展现了大厅良好的透明性，
并起到了内排立柱的效果

The entry portico after our renovation, showing the lobby's
transparency and the effect of an inner row of columns.

我们的内部设计具有明快、现代的美学风格，与外部的
风格截然不同

除了一个重要的空间——行政休息室之外，内部的设计均带有现代企业的特色。

休息室将是一个令人难忘的、可以进行各种活动的空间，于是我们认为应当采用与入口门廊类似的古典风格主题。不过，我们把古希腊的古典主义风格转移到了古罗马的古典主义风格，我们觉得可以从其先进完备的内部装饰设计理论与实践中，发现更多有助于我们工作的灵感和元素。最终，我们决定采用罗马的万神庙作为隐喻的载体，但是采用了线性的桶状拱顶取代了万神庙的球形穹顶，我们觉得这样会更加适合项目的需求。

与罗马万神庙的穹顶一样，我们犹如挤压而突出的拱顶也是以一个单层的空间为基础。这个作为基础的空间也与万神庙的相似，在侧面设置了很多开口，暗示出其他外层空间的存在。我们通过天窗使自然光线照射到内部，而且这个天窗的结构为直线型，而不是万神殿犹如眼睛一样的圆形结构。

我们的行政休息室有一个突出的桶状拱顶，呈现出万神庙球形穹顶的恢宏气势

学生的田园生活

西蒙学生中心，摩尔西斯堡中学，摩尔西斯堡，宾夕法尼亚州

摩尔西斯堡中学坐落在宾夕法尼亚州中部地势起伏的乡村，是一所寄宿学校。校方要求我们将餐厅的低层部分改造成用于学生休闲娱乐，并充满活力的活动中心。此外，还要在这种怪异的多坡地带便于残疾学生参加各种活动。

我们新建了一座景观平台作为进入中心的门户，使建筑的门廊看似立于其上。我们在平台上设置了两座上升的规则式庭院，它们环抱于无障碍坡道之中。在建筑的北侧较低的平面上，可以俯瞰一个更为陡峭的斜坡，我们在这里修建了一道石头保护墙，并在上面增加了一个几乎完全用玻璃建造的休息大厅。

我们的两个隐喻——规则式平台庭院和城堡的保护墙，并非看上去那样简单地被混合在一起引用。而是由于这种结合，让人回想起皇家的乡村静养寓所，比如法国的酒庄／城堡，在休闲的时候，那里进行的娱乐活动与今天青少年喜爱的并没有什么两样。

我们认为一个带有两块栽满植物的方形广场的规则式庭院，例如意大利式花园，将会令这座建筑的平台更加完美和超凡脱俗。不仅如此，我们还将两个规则式庭院的边界与残疾人使用的坡道整合在了一起。

这个平台的规则式庭院被残疾人坡道环抱其中，平台具有足够的宽度，可以将入口门廊以及门廊两侧新增空间的宽度全部容纳在内。

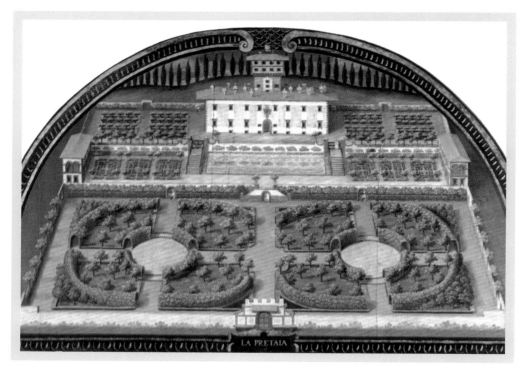

意大利的规则式庭院

由马里恩·西姆斯·韦思于1962年设计的餐厅艰难地屹立在一个绿草丛生的土丘之上，当时没有为行动不便的人们设计通道

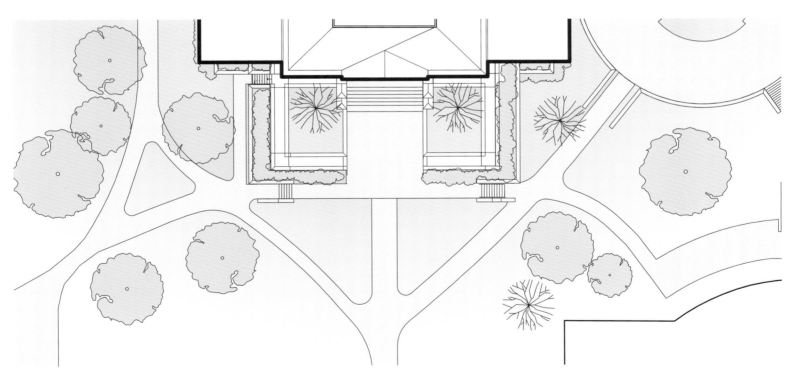

我们平台上的规则式庭院

我们的椭圆形休息室是闲暇时刻的好去处

这里复杂的地形使得我们的工作不仅局限于餐厅的正面，而且我们还在其侧
面新建了一个椭圆形玻璃休息室

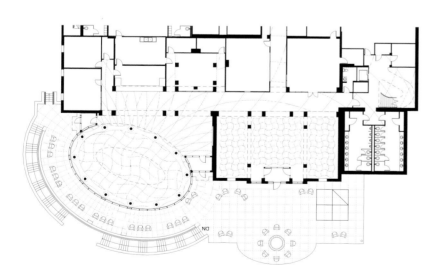

我们将椭圆形休息室放置在类似防御墙一样的露台之上，
在那里可以俯瞰学校的运动场

我们新建的石头保护墙和玻璃化休息室
安静地依偎在学校餐厅的旁边

与我们的设计类似，法国维兰德里庄园将直线和曲线的造型融合在一起，并带有规
则式庭院，形成壮观的景色

山坡上的鹰巢

西马萨诸塞州

在伯克希尔一片裸露的山坡上,我们设计了一座屋顶与山坡平行的房子,使房子体现了斜坡的隐喻效果。我们还在房子的中心部位设计了一个防风的花园式庭院,我们把它看成一个隐秘的意大利式庭院。

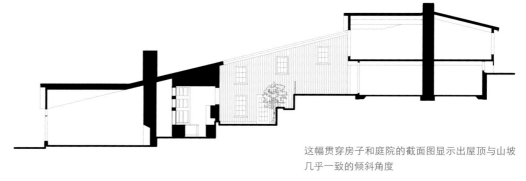

这幅贯穿房子和庭院的截面图显示出屋顶与山坡几乎一致的倾斜角度

在房子的内部，房间呈阶梯状逐级分布，完全笼罩在屋顶之下，这就显示出楼梯特殊的重要性，人们也可以享受通过楼梯上下穿行的乐趣

从空中俯瞰，整个屋顶是一个巨大的倾斜平面，中心部分仿佛被抠出了一个庭院

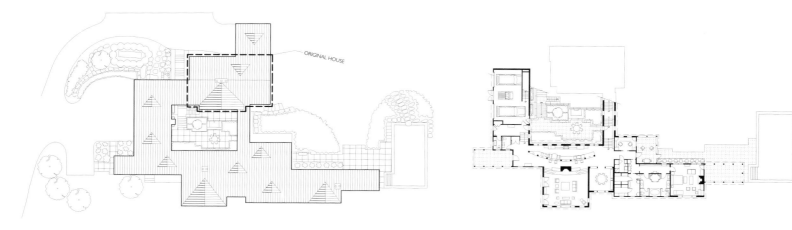

屋顶平面图   低层平面图

庭院的灵感来自于意大利住宅的内部花园，通常要通过特殊的
入口才能进入

通过一个特殊的入口可以进入我们的庭院，在入口处还可以瞥
见远方的伯克希尔山

在多风的山坡上，我们的庭院犹如一个安
全的避风港

北京紫禁城建福宫接待室的影壁墙给了我们很大的启示，
于是我们将厨房隐藏在一面镂空的弧形墙壁之后

德克萨斯方庭

德州圣马克学院, 达拉斯, 德克萨斯州

在德州圣马克学院, 我们将校园中部原来的教学楼拆除, 新建了大型的教学楼——百年大厅, 还有与其毗邻的填充建筑——霍夫曼大厅。

校方希望百年大厅成为学校最重要的建筑, 也可以说是具有创造力和影响未来的建筑。因此, 我们把它放置在一个隐秘的长方形庭院的最前面。为了符合该地区对建筑高度的最高要求, 它的圆形穹顶设计得很低, 但是却非常宽阔, 展示了强烈的存在感。我们从分析校园其他建筑的砖头、窗户和屋顶的样式入手, 逐渐"展开"设计工作。

在某种程度上, 我们重新构建的方形庭院与华盛顿特区海军陆战队兵营内与外界隔离的长方形阅兵场极其相似。通过以往对海军陆战队兵营的了解, 我坚信长方形的圣马克方庭将会十分适合举行毕业典礼这样的活动。

周五傍晚的阅兵式, 海军陆战队兵营, 华盛顿特区

圣马克学院的毕业典礼

在这个与外界隔绝的长方形庭院的最前面，就是我们全新的标志性建筑——百年大厅

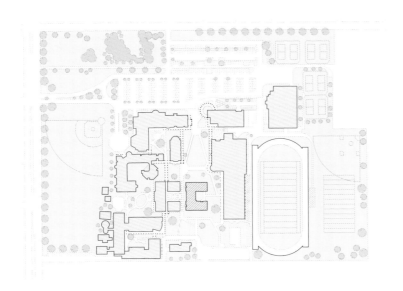

改建前

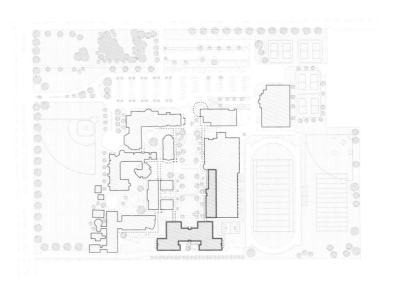

改建后

艺术工厂

北卡罗来纳大学, 格林斯博罗, 北卡罗来纳州

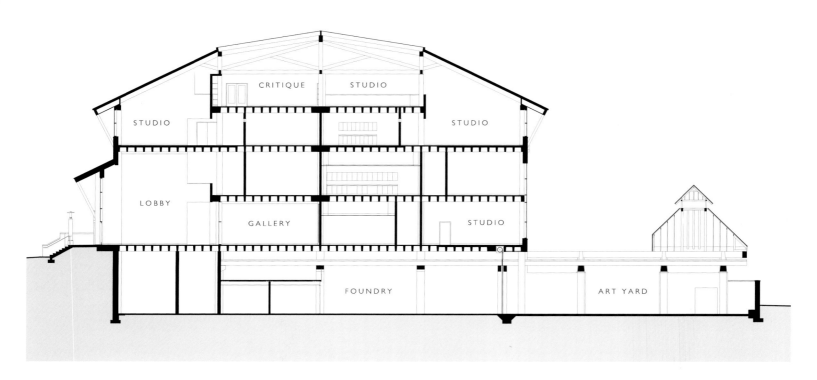

当校方委托我们设计新的艺术工作室建筑——莫德·盖特伍德大楼的时候, 他们对能够经得起时间考验, 并具有良好灵活性建筑的渴望激起了我们浓厚的兴趣。这一需求让我们想到了 19 世纪制造业的厂房建筑, 它们经历了几代人的岁月, 仍然经久耐用。于是我们决定采用简单的混凝土框架式结构, 从而使学生们能够不必担心对场地造成损坏, 无忧无虑地投入到学习中去。

我们将用于放置陶瓷、木料和金属雕塑这样非常凌乱的空间设置在一层, 从那里可以通过升降门直接进入到一个雕塑庭院。而用于油画、绘画和图形艺术的工作室则设置在了上层空间。我们把建筑工作室安排在靠近建筑顶部的位置, 以保证良好的通风性。

旧式厂房拥有开放畅通的地面空间和大型的窗户, 工作区域充满了自然的光线

该大学需要的是一个内部空间具有灵活性和开放性，自然光线充足的建筑。鉴于校园的传统建筑以砖结构为主，于是我们开始关注老式厂房，它们的大型窗口都镶嵌在砖结构的竖直墙体和拱肩形成的框架中

为了与校园传统建筑的风格一致，我们设计的建筑具有足够的墙体表面，但是我们以数量众多的窗口进行平衡，使外观更加协调，保证了内部充足的自然光线

平面图中的粉色区域是我们的雕塑庭院，立面不仅有烧制陶器的窑炉，还有大型的起重滑道，可以将沉重的材料运到建筑内部

我们的雕塑工作室设置在底层，那里可以通过升降门到达外部

一层平面图

在主楼层，我们设计了一个与休息大厅直接互通的画廊

二层平面图

在主楼层上，休息大厅显示出这是一座坚固牢靠的建筑，完全能够担负起制造艺术的重任

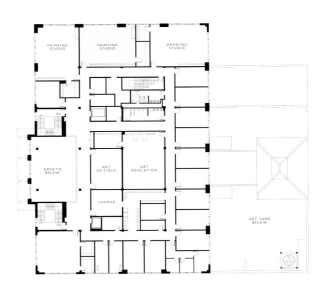

三层平面图

主楼层及以上各层设有各类工作室，这些空间不像底层空间那样凌乱

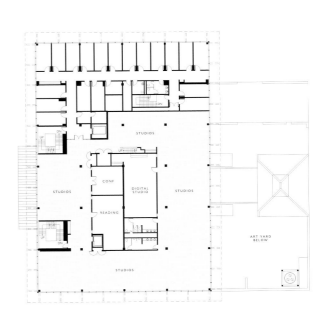

四层平面图

在屋顶下面的建筑工作室是一个大型的开放空间，并带有大型的窗户和夹层，使这里成为一个通风性和灵活性俱佳的工作空间

学术成就大厅

湾厅, 德州农工大学, 科珀斯克里斯蒂, 德克萨斯州

位于科珀斯克里斯蒂的德州农机大学需要新建一座带有演讲大厅的教学楼。不过，我们和来自奥斯汀的巴纳斯·格罗马茨基·科萨里克事务所的合作伙伴们一致认为，对于讲演的表现和效果来说，仅仅拥有演讲厅是不够的，更重要的是要有标志性和纪念意义。于是我们对一些像林肯中心这样杰出的演出大厅进行了研究，发现它们大多具有简单的造型，即众多的凸窗和带有玻璃幕墙的门厅。

我们决定以同样的特点来保证农机大学讲演的"质量和效果"。我们希望教授们能够从中受到启发，使学生们获得更多的优异成绩。同时，也能让学生感受到这是一座充满乐趣的迷人建筑。

湾厅——教授们可以尽情表演的舞台

大都会歌剧院——纽约表演艺术的标志

通过色调丰富的玻璃幕墙照射进来的阳光令演讲厅的
走廊显得生机勃勃

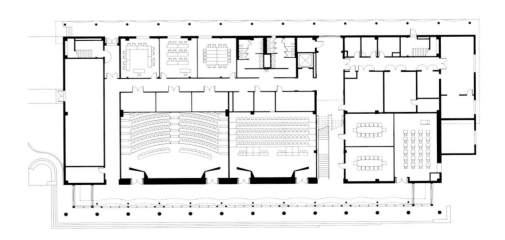

奥斯汀的融合建筑

阿尔梅特里斯-杜伦大楼, 德克萨斯大学, 奥斯汀, 德克萨斯州

我们十分激动能够再次与奥斯汀的巴纳斯·格罗马茨基·科萨里克事务所的朋友合作, 共同为德州大学设计一座拥有 700 个床位的宿舍大楼。

911 恐怖袭击之后, 德州大学便产生了一个有趣的想法, 欲将校园传统的立方体结构建筑转变为让学生感到更为安全的建筑类型。我们的建议是采用牛津—剑桥的建筑模式, 而且耶鲁大学由高大建筑环绕在内, 令人感觉亲密的居住庭院也很好地验证了这一模式。在为这个具有传奇色彩的校园建造这座新的综合建筑过程中, 我们将德州大学经典的传统建筑特色——红瓦覆盖的屋顶、浅色的砖墙等融合在其中。

在德州大学最初的 16 公顷区域内 (上图), 建筑普遍较低, 红瓦屋顶和浅色砖墙构成了传统的建筑特色

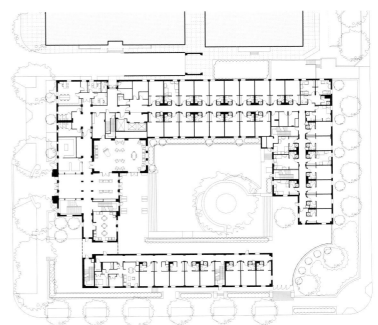

耶鲁大学住宿学院有一个被高大建筑包围在内的方形小庭院

杜伦大楼的方形小院被高达七层的大楼环绕在其中

耶鲁的布兰福德学院有一个高高的角楼，可以用来监管小院

我们的杜伦大楼也有一个角楼，但是其短粗的比例更适合奥斯汀德州大学的建筑风格

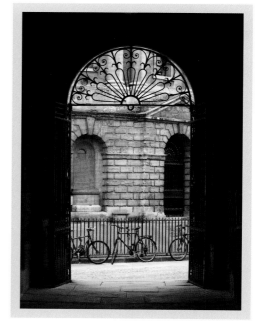

剑桥大学方形庭院特色十足的大门（上图）

我们也为杜伦大楼的庭院设计了独特的大门（左图）

德克萨斯州的霍兰德酒店于 1980 年被公认为当地历史悠久的标志性建筑，为杜伦大楼的内部结构设计带来了众多灵感。该酒店由克莱·霍兰德建于 1928 年，是受到西班牙影响的德克萨斯建筑风格的早期范例

神秘的幕布

艾迪生美国艺术画廊, 菲利普斯学院, 安杜弗, 马萨诸塞州

充满戏剧感的幕布

由建筑师查尔斯·普拉特设计, 位于安杜弗的菲利普斯学院的艾迪生美国艺术画廊建于 1930 年, 我们对它所做的扩建并不显眼, 仅是透明的一部分。我们担心如果只采用玻璃, 对于相邻的普拉特经典建筑会显得过于刺眼。于是, 为了将透明性变得更加柔和, 我们决定采纳戏剧幕布作为隐喻的载体, 在我们的案例中, 就是一个外层的不锈钢网状幕布。我们称之为"过滤盒子"。

戏剧的幕布只是一块被拉紧张开的薄纱, 随着灯光的前后移动, 使隐藏在后面的物体逐渐清晰可辨。我们希望随着落日余晖的消散, 室内灯火初上的时候, 建筑内部的情景在暮色中逐渐显露。我们还希望不锈钢网不仅能够将玻璃反射的光线变得柔和, 还能根据太阳的角度和位置的不同, 让这张幕布在透明、半透明和不透明的状态中不断变换。

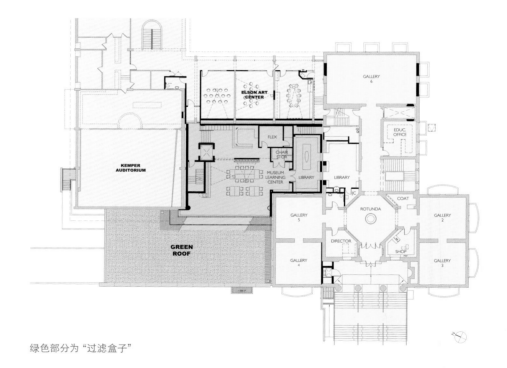

绿色部分为"过滤盒子"

262

根据太阳的角度以及是否如前面的照片一样直接照射到室内的物体, 即使在白天,
玻璃幕墙立面也具有一定的透明性

当阳光的入射角接近地面时，我们的网状幕布呈
现不透明的状态

随着夜幕的降临，建筑开始逐渐变得透明

From inside our Museum Learning Center, the mesh panels are transparent so long as the outside light level is stronger than the interior light level.

从博物馆的学习中心内部来看，只要室外比室内的光线更强，网状幕布就会呈现透明的状态

谷仓、河流与吉玛尔

弗洛伦斯·格里斯沃尔德博物馆，欧德莱姆，康涅狄格州

由于格里斯沃尔德博物馆的新克里布尔画廊，是诸如切尔德·哈萨姆和维拉德·梅特卡夫这样的康涅狄格印象派画家曾经生活和工作过的地方，并且与弗洛伦斯小姐的寄宿公寓相邻，因此我们采用了能够令人回忆起该州遥远年代乡村风情的建筑造型。

对于博物馆的三个画廊，我们借鉴了康涅狄格白色谷仓的造型，屋顶带有山墙，并且排成一排。在三座画廊每一侧较低的建筑上，我们都设计了象征着中尉河的曲线形金属屋顶。

建筑的造型（上）象征着中尉河（右）蜿蜒流经康涅狄格州的谷仓之间（上）

吉玛尔设计的巴黎太子门地铁站，成为我们入口门厅的隐喻载体。入口仿佛通往 19 世纪末期的巴黎，那时很多欧德莱姆的艺术家曾前往巴黎的法国美术学院学习

我们的曲线形入口门厅是整个大厅的一个重要特征

阳光从屋脊上方直接照入到三个画廊内部,并经过鱼
鳍状横梁过滤。为了表达欧德莱姆著名的海滨日光效
果,我们在室内采用了由黄色调和出的柔和米色——
我们认为这是阳光的色调

我们设计的波浪式屋顶也唤起了人们对新艺术运动盛行时期的记忆，很多殖民时期的艺术家在那时开启了巴黎的朝拜之旅

大帐篷

帕尔默活动中心, 奥斯汀, 德克萨斯州

当巴纳斯·格罗马茨基·科萨里克事务所的朋友们请我们一同为奥斯汀市中心一个深受大众喜爱的公园设计一个大型的活动中心时, 我们希望避免哥伦比亚大学在1969年遇到的那种令人身心俱疲的争论, 当时他们提出要在莫宁赛德公园建设一座体育馆。后来我们将包括反对者在内的百名人士组织在一起, 通过为期一周的讨论, 不但消除了质疑者的疑虑, 还最终将两个可爱的隐喻载体结合到设计构思之中。

第一个隐喻载体是马戏团的帐篷, 我们的讨论组一致认为它可以传递出令人愉悦的感受。自从1944年发生的哈特福德马戏团火灾之后, 市区公园内就被禁止竖立马戏团的帐篷。但是随着现代防火材料的出现, 它们正在逐渐回归。

第二个隐喻载体是美国民间资源保护组织(CCC)的临时性凉亭, 这种建筑于20世纪30年代在各个州立以及国立公园内开始出现。CCC把人们聚在一起共同工作, 通过建设开放式的建筑让人们更加喜爱公园, 这些建筑可以让进行野餐的人们免受暴晒和雨淋之苦。

我们将这两个重要的隐喻以及其他一些不明显的隐喻结合在一起, 创造了这个奥斯汀最具魅力的建筑。

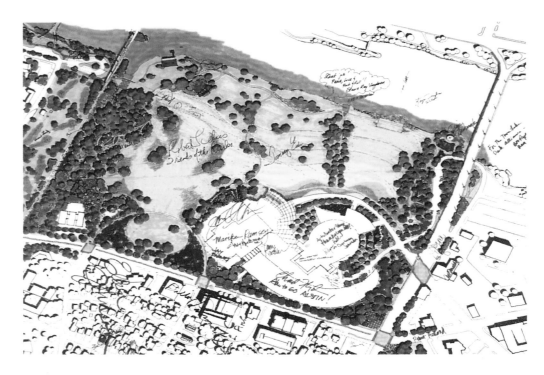

我们组织了一个包括反对者在内的百人市民委员会(下左), 通过一周的共同工作制定出一个得到一致认可和喜爱的规划方案

在讨论会结束的时候, 一个包括很多之前强烈反对者在内的股东委员会也加入了我们的工作, 并对我们的概念设计方案(上)表示赞同并签字同意

我们的讨论组认为这些马戏团帐篷具有的节日气氛和临时搭起的性质将会引起人们的极大兴趣。我们也非常喜欢马戏团帐篷犹如张开的双翅一样的造型

帕尔默活动中心的面积达到11148平方米，酷似巨大帐篷的外观使它成为小镇湖公园一道亮丽的风景线

A strong tent-like appearance gives Palmer Events Center, at 120,000 square feet, a light footprint on Town Lake Park for so large a structure.

我们的讨论组也喜欢宾夕法尼亚莱昂纳德·哈里森
州立公园的这种野餐凉亭，它们是由美国民间资源
保护组织的工作者于 20 世纪 30 年代建造的

我们设计的立柱和胶合桁架散发出乡村公园凉亭的气息，只不过我
们这个更加巨大

我们将德克萨斯丘陵地区典型的石灰石粗糙地堆砌在一起，希望人
们的脑海中能忆起远方国家公园内的公园建筑

入口大门之上的一个五角星标志，作为一种牲畜品牌
的隐喻（下），也纳入了我们丰富的隐喻组合之中

在制定镇湖公园的总体规划时，我们想出了将活动中心放在何处最为合理，以使它在开放的空间中不占据主导地位

这个浅浮雕的细节令人想起了 20 世纪 30 年代国家公园内的建筑具有的乡村气息和手工特色

奥斯汀有很多时尚迷人的壁画，我们也尝试将其融入到设计之中

在某些地方，我们建筑的外悬高度达到 27.4 米

在建筑巨大的外悬之下，一台吊扇起到了通风制冷的作用

建筑入口周围的墙壁上有很多浅浮雕的细节

拉萨白板

小礼堂，科尔盖特大学，汉密尔顿，纽约州

科尔盖特大学最古老的建筑是 1817 年神学院初建时期的产物，它们坐落在校园中部名符其实的卡迪亚克山上。而新艺术工作室大楼的地点则部分位于山下，因此，如何将建筑完美插入到陡峭的山坡地形之中，成了我们的首要任务。

这一次，我们想到的隐喻载体是查尔斯·雷尼·马金托什 1909 年设计的格拉斯哥艺术学院，因为它同样是一个艺术工作室建筑，虽然坐落在城市，却穿过一座山坡。

我们的建筑采用了经久耐用的混凝土框架式结构，犹如一张中性的白板，使置身其中的学生能够专心工作和学习，不被绚烂的色彩和修饰分散注意力。

由于对倾斜场地的限制条件印象极为深刻，我们研究和分析了很多其他建于山坡的建筑，并且想到了引用传说中的西藏拉萨作为第二个隐喻。我们的设计构思借鉴了位于山顶的布达拉宫破旧的墙壁和竖槽窗口。

查尔斯·雷尼·马金托什设计的格拉斯哥艺术学院

位于西藏拉萨的布达拉宫坐落在山顶之上，看似残破的墙壁和竖直的槽式窗口使山坡的效果更加突出，从而使建筑与地貌有机地结合在一起

小礼堂破旧的墙壁和槽式窗口看上去像防御土墙一样，让建筑稳稳地靠在心脏山的山脚之下，与拉萨的建筑相比，可谓异曲同工

科尔盖特校园内的一些新建筑都采用了薄石材的贴面。我们不喜欢这种仿真的材料，于是找到了一个采石场为我们提供大量的青石瓦砾，我们的工程承包商则以古老的方式将它们一块一块地堆砌在一起

室内的装饰和色彩不会干扰艺术的创作

小礼堂的工作室都是用于艺术创作的

建筑的混凝土饰面显得十分坚固

小礼堂从操场边缘一直延伸到山坡15米高的地方,依偎在心脏山的底部(对面),并倒映在具有传奇色彩的泰勒湖水之中

摩洛哥大杂烩

加德艺术中心，新伦敦，康涅狄格州

当加德剧院于 1926 年在新伦敦建成开放的时候被誉为新英格兰地区最好的剧院。然而，当 20 世纪 80 年代末期我们去往那里的时候，它早已风光不在。但是，一个充满活力的管理组织和一个热情的社会团体仍然对它寄予厚望。而我们的职责则是在剧院门可罗雀的零售区域开辟一个全新的休息大厅，为整个建筑注入新的活力。

剧院内部被白色油漆长期掩盖的古老摩洛哥式风格让我们异常兴奋，在休息大厅的某些部位，我们恢复了原有的壁画。但是在需要翻新的区域，我们将摩尔风格的样式变得更为抽象，我们在大厅内引入的金光闪闪的楼梯便是一个范例。楼梯作为抽象的隐喻载体代表着摩洛哥式宫殿多层次的凉廊。

休息大厅外部金光闪闪的楼梯是对原有摩洛哥风格楼梯的抽象化

我们如实地恢复了内部最深处休息大厅
的原貌

摩洛哥式宫殿庭院四周的凉廊也成为我们设
计中参考和引用的重点

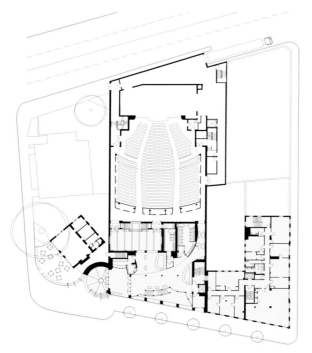

我们将加德剧院零售区域内的两个
楼层打通，从而增加了休息大厅的
空间（左图黄色部分）。我们还在拐
角处增加了一个新入口，以使那些行
动不便的人们能够方便地进入

We brought our new colors and curvilinear shapes outside and incorporated them into a new entrance marquee.

我们在外部入口的门罩上采用了全新的色彩和曲线构成的形状和图案

正午时分的绿洲

诺顿艺术博物馆，西棕榈滩，弗罗里达州

把诺顿艺术博物馆从 4645 平方米扩大到 10219 平方米之后，
仅过了一年时间，客户就再次要求我们为其设计一座高达三
层的奈赛尔翼楼。为此，我们感到十分高兴。于是我们彻底了
解了弗罗里达南部夏季炎热的亚热带气候特点，之后我们便
开始考虑如何创建一些凉爽怡人的场所。

这促使我们产生了绿洲的想法，因此，我们决定寻找机会去
建造棕榈树成荫的庭院和花园。此外，我们还在翼楼的前部
设置了一个水池。这个水池连同长满棕榈树的小岛，为那些
经过炎热旅途跋涉，从停车场走来的人们提供一个清爽的暂
息之地。

我们认为撒哈拉沙漠之中的绿洲就是进行短暂休息、缓解疲劳的地方，
故我们的建筑前面设有一个带有树岛的水池

Coconut palms give an oasis effect to our west courtyard.

椰树为我们西侧的庭院增添了绿洲的效果

我们也想到了阿尔汉布拉宫：14世纪摩尔时期埃米尔在格兰纳达精美的宫殿，那里的棕榈树和各种开满鲜花的树木在沙色壁垒的映衬下大放异彩

与阿尔布拉汉宫一样，在我们建筑的沙色立面背景之下，棕榈树与各种开满鲜花的树木争芳斗艳

由于我们开始为新翼楼建造内部大厅的工作时,正值盛夏季节,于是我们被一个避暑的想法深深吸引——令人神清气爽的水下洞穴

一部曲线造型的楼梯充满了活力,光线由上至下逐渐减弱,外加清冷的色调,象征着我们神秘的水下洞穴

我们的水下洞穴大厅高达三层，通过任何一层都
可进入到规模和内容各异的画廊之中

玻璃天花板上是戴尔·奇胡利创作的 600 多件玻璃雕
刻艺术品，营造了同珊瑚礁一样的效果

The Nessel Wing stair wraps the lobby volume in cave-like fissures as it rises three stories.

奈赛尔翼楼的楼梯高达三层，犹如一个巨大的洞穴状裂缝，把大厅的空间包裹于其中

罗马假日

塔山植物园，博伊斯顿，马萨诸塞州

塔山植物园位于马萨诸塞州伍斯特附近的博伊斯顿，是新英格兰地区唯一的综合性植物园。我们的任务是在山顶一个花园住宅的中心位置增添一些重要的建筑。

植物园的主任向我们介绍了哈德良别墅，它是罗马皇帝哈德良为了躲避喧闹的罗马，于公元2世纪修建的，这个壮观的综合建筑赋予了我们所需的隐喻灵感在这个别墅里有很多造型迷人的水池，其中的一个由巨大的石雕鳄鱼守卫。

这只可怕的鳄鱼守护着哈德良别墅内的戏水者

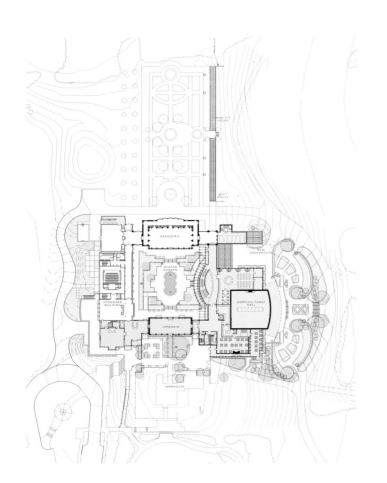

塔山植物园

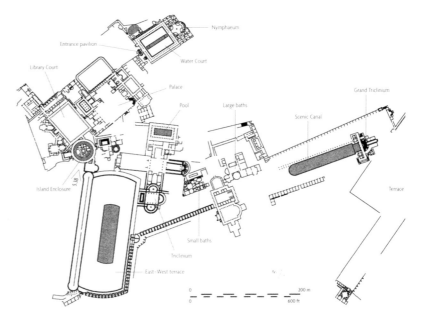

哈德良别墅

在塔山上，我们安置了一对亲密友好的海龟雕像

我们还需要修建一个叫作"柠檬树之家"的温室花房,意思就是柠檬树之家。为此,我们曾考虑过像匹兹堡菲普斯花房那样可爱的金属花房,但是最终我们认为对于哈德良风格的建筑来说,还是显得过于亮丽和轻浮。

于是我们开始关注那些在罗马帝国结束500年之后,尤其是第一座哥特式教堂——杜汉姆大教堂出现后而兴建的早期教堂建筑。在那个时代,尖顶拱门开始出现,与罗马的圆顶拱门略有差异。

菲普斯花房,匹兹堡

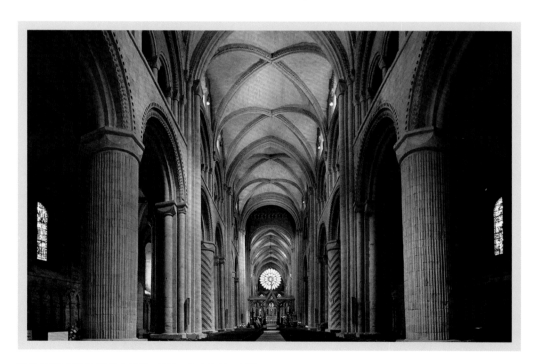

建于1093年的杜汉姆大教堂,是第一座在高达三层的中殿顶部带有肋拱支撑的穹棱拱顶的教堂

292

我们结实牢固的柠檬树之家

我们的柠檬树之家比任何罗马帝王的建筑都要朴实、低调，花房将这个类似哈德良别墅风格的
花园式住宅南部边缘围挡起来

我们为结实坚固的柠檬树之家花房建造了由胶合木制大梁支撑的玻璃屋顶，这些大梁的造型像弯曲交叉的剪刀，顶部略微尖锐，与杜汉姆大教堂的穹棱拱顶十分相像。我们的建筑结构简单，很像早期的哥特式教堂。

JIM CHILDRESS

吉姆·切尔德里斯

本土成长

建筑的设计和建造是一项十分奇妙而复杂的工作，就像魔术一样让人们不停地去思考。冒着过于简单化的风险，我倾向于将自己的思维过程集中在五个方面：技术工艺、归属感、清晰的思路、长远的眼光和舒适。

技术工艺

我出生在一个建筑世家，父亲是一位建筑师，我的一个儿子也理所当然的成为建筑师。十多岁的时候，我的首批建筑项目是协助父亲制造设计所需的模型。我还帮助过父亲一起建造我们的住宅，随后，为了支付大学的费用，我开始投身到建筑行业。这一经历让我学会了如何运用各种材料以及如何将部分完美协调地融合为整体。多年来，我十分幸运地与众多的能工巧匠一起工作，也学会了经济节约的设计思路：使自己的设计和细节处理更为有效。

归属感

我生长于科罗拉多州的城堡石村，那里当时是一个遍地牛羊的乡村。我的大学时光是在普罗维登斯（美国罗德岛州的首府）的罗德岛设计学院度过的，那里的环境与家乡完全不同。当我刚刚到达那里的时候，感觉如同游入大海的鱼儿，尽情地享受着东西部之间以及城乡之间千差万别的生活。

我到各地旅行并学习设计，收获了各个历史时期的设计理念以及不同的设计形式——图形设计、时尚设计、食品设计、家具设计、工业设计、园林设计以及建筑设计。从中我得到了很大的启发，这些不同方面的设计有助于塑造一个具有独特风格气质的特殊场所。在我设计的每一个建筑中，都尽力去赞颂和表达当地的环境、历史以及不断发展的文化。很多建筑师也是这样说的，可是他们在不同地方的建筑看上去却非常雷同，于是我很好奇他们是否认真对待自己曾经说过的话。

这些是我的合作者——建筑师休·布朗的油画作品，我非常喜爱它们并从中获得了灵感和启示，感受到不同地区的不同特色带来的愉悦

位于康涅狄格州的费尔菲尔德、怀俄明州的兰德和密苏里州的拉杜的建筑项目

清晰的思路

优秀的建筑设计需要以优美简洁的方式将复杂的组成部分结合在一起。作为一个设计师，我的一个优势就是在解决单独问题的时候不会迷失在复杂的环境之中。我的诀窍就是要同时看到所有的问题，这需要多年的经验积累，然后再以清晰简洁的几何学知识和思路去寻求可以解决一切问题的方案和形式。

长远的眼光

历史和园林让我以长远的眼光去审视建筑。我们所能做到的一项最具可持续性的贡献便是创造一个可以使用千百年的建筑。用于新用途的老建筑也会在"时间的层次"上展示出巨大的美感。同样，我也从园林的设计中了解到植物的成熟需要时间，尽管如此，一个园林依然可以在数个世纪的时间里不断发展和变化。

这些感受促使我不断地思索如何设计一座经久不衰的建筑。那些规划方案和结构形式简单的建筑更容易经受时间的考验，如果细节被精心处理，它们将会泛出古色古香的迷人韵味。我还专注于设计具有令人喜爱特点的建筑，这样人们会更加关注它们，并帮助它们度过漫长的岁月。

舒适

从那些设计优秀的酒店和住宅的人们那里也可以学到很多东西。我极力避免过度痴迷于某种形状或想法，那样做的代价似乎要花费大量的宝贵时间。人类的舒适程度，诸如光线、阴影、热量、安静以及柔和应当成为任何设计中的首要元素。

我同样专心于大量的规划设计尝试，以提高社交互动活动的舒适水平。以正确方式规划的空间，使人们乐于聚在一起，能够提供一个安全的空间让人们进行倾谈，也能作为一个私人的领地去逃避喧嚣，寻求清静。无论在哪个时代，这些在我们的日常生活中都是最为重要的。

我一直有幸与众多杰出的人士在后面介绍的项目中共同合作，我的客户、同事和其他事务所的建筑师、景观设计师、工程师以及建筑工人们都为这些建筑做出了贡献。最后，我们共同创造了远比个人成就更为伟大的建筑，与这些人共同工作是我最大的快乐。

由上至下: 新迦南, 康涅狄格州; 冷泉港, 纽约州; 埃塞克斯, 康涅狄格州; 博尔德, 科罗拉多州

制作音乐

住宅和音乐工作室，吉尔福德，康涅狄格州

我认为建筑不能取代某些人的传记，但是可以通过形式、形状以及细节大致勾画出一个人物的肖像。建筑确实能够体现出人的个性，因此最好还是去体现建筑所有者的性格。在与该客户共同合作超过 15 年的时间里，我们通过运用记忆、地点以及各种对她十分重要的事物，将这个杂乱无章的平房改造成她的家园。

在此期间，我们对她的住宅进行了翻建，将小屋变成了音乐工作室，并增添了一座塔楼。我们解决了一些普通的问题，诸如获得更为充足的自然光线，加固飘摇欲坠的屋顶。但是为了使这里与众不同，我们不断地从新英格兰南部地区的环境、客户的日裔身份、她对木制品的喜爱以及她作为耶鲁大学世界级的小提琴家和教授的丰富经历中去寻找创作灵感。

第一项工程是翻新住宅。为了充分利用现有建筑，我们完整地保留了原来的屋顶，并延长了屋檐，设置了木制风韵的立柱和横梁来支撑屋顶。我们把这些立柱设计得犹如一棵棵由"木条"组成的抽象树干。

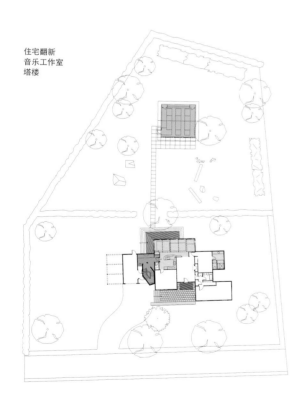

住宅翻新
音乐工作室
塔楼

原址

为了使餐厅在视觉上和听觉上更为柔和，天花板上的结构面板采用了类似小提琴的曲线造型，像波浪一样有节奏地穿越在木制横梁连结处的上方。这些连结的地方也对上面的灯光起到反射的作用。这些结构面板由两个分离的层面组成：较低的层面展现出树干的样式，较高的层面则是简单的片状，可以对光线起到漫反射的作用，还可以遮挡灰尘和昆虫。

我们从大自然和各种制作小提琴的木材中得到启示，"以木色粉刷"了住宅内部。不过，我们使用的不是各种色彩的油漆，而是不同种类木料的纹理与质感，以突出不同部分的特色，营造出趣味横生的氛围。

我们没有采用宣纸制作的屏风，因为这种屏风连狗的行动都无法阻止。我们将宣纸叠在两片玻璃之间，然后再安装到一个标准的木质门套上（冰箱的右侧）。而且客户对斯坦利设计的实木门套十分满意。

对于音乐工作室，我们采用了与住宅类似的思路。但是穿越空间的波浪状木制面板让这里具有极好的声学效果，可以用于音乐的录制和播放。

原址

这些木制面板在悬挂灯具的地方不再连续，即出现中断。灯具是由我们的模型工作者制作的，它们是用塑化的宣纸将廉价的家得宝灯具包裹在内部做成的。这些塑料片是简单地通过细槽彼此交叉，并用胶水粘合在一起的。在设计固定装置的时候，我们想到了到处飞舞的活页乐谱，但是又不想过于直观，于是便采用了现在的形式。

圆形窗户的构思借鉴了日本京都桂离宫的窗户造型。为了具有自己的特色，我们以非对称的形式在窗户上添加了木制板条，仿佛一条条穿过音孔的琴弦。诚然，这个窗户更容易令人联想到班卓琴的音孔，而不是小提琴的音孔。但是，我们更倾向于这种蕴含着日本和乐器的双重寓意，而不是刻板地仅仅表达出小提琴的含义。

由我们客户取样的塔楼建造之前的视图

最新完成的部分是一个立式音乐工作室，表演者在顶部，而观众则坐在楼梯上，优美的旋律四处回荡。这里依然呈现出节奏韵律和树木的主题，波浪曲线热情奔放地穿越于木色的空间之中。

顶部的曲线被折断，这样使得塔楼看上去比使用单一连贯的波浪造型屋顶要更加耸立和挺拔。此外，还使塔楼仿佛从现有的房屋中优雅地脱颖而出。

在内部，我们采用了更多具有节奏感的设计。带有水平条纹的灰色墙面镶板显得十分厚重，楼梯底部的镶板很宽，登上楼梯向上走去，你会发现它们的宽度越来越窄。塔楼的木制外立面在顶部变成了立柱的造型，我们把它设想成一棵从底部生长的大树，这些在上半部分出现的"树干"令人感到轻松愉快，仿佛置身于一个树屋之内。

通往顶部的螺旋式楼梯采用了边缘固定的悬臂结构，因此，没有内部的支撑结构打破螺旋造型的连续性。我们再次采用了不同的实木进行"涂装"：桦木色、枫木色、樱木色，并以黑檀木进行突出修饰。

修补

安科瓦学校, 费尔菲尔德, 康涅狄格州

有时候最有价值和意义的项目是规模较小的, 仅从项目用地上就能够产生完全不同的感受。对于这所独立的小学, 我们充分利用了他们的各项资源。在三个夏天的时间里, 我们不断地进行"修补"以改善他们现有的空间, 时而在这里添加一些修饰, 时而在那里进行一些翻新。

我们翻修了一间科学教室, 并为一个温室花房添加了小型的凸窗。

在餐厅, 我们也新建了凸窗, 透过它可以向外看到树林。它们也改善了餐厅原有混凝土外墙单调乏味的外观, 并且提供了树屋一样的空间, 既可以坐下就餐, 也可以闲逛。我们在多功能体育馆与餐厅之间增加了一道玻璃墙, 以使更多的阳光能够投射到建筑的内部, 并且创造出一种友好开放的氛围。

我们在二楼的教室与多功能教室之间设置了玻璃托架, 作为阅读凹室, 凹室之间的位置摆放了书架。于是大厅现在变成了"图书馆", 成为学生们每天校园生活中不可或缺的部分。

我们还对体育馆进行了多层面的改造——进行了声学处理、改进了照明系统、增加了一座舞台, 并且让这里变得更为开放。

这些变化看似微不足道, 但是在改善学生们日常的互动以及社交能力方面产生了巨大的影响。

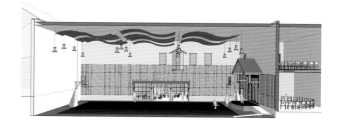

保持简单

国家户外领导学校总部, 兰德尔, 怀俄明州

在教授领导技能、团队合作以及风险管理方面, 国家户外领导学校(以下简称 NOLS)无疑是世界领先的机构。他们在全世界范围内对来自不同行业和不同年龄的人通过野外经历进行这些技能的教学和训练。超过90%的美国宇航员都在这所学校学习过。自从20世纪60年代初期创立以来, 学校的总部一直设置在怀俄明州兰德尔市中心历史悠久的贵族酒店。在汽车出现以前, 这座城市以及贵族酒店一直是通往黄石公园的必经之地。

对我来说, 在兰德尔工作就跟回家一样, 我生长在科罗拉多的城堡石村, 在兰德尔以南644千米, 与这里有着相似的环境。这里的弗兰特岭所在的位置正是大草原与洛基山脉交汇的地方。这里有丰富的农业用水资源, 充足的阳光, 还有多雪、多风的气候。这里崎岖不平的地貌十分壮观, 令人肃然起敬。这座城市的建筑也因此显得非常结实, 并且具有耐寒的特点。

NOLS 需要新建一个能够反映出机构特色的总部大楼, 并向世人展示这是一个根植于怀俄明州兰德尔的国际化组织。它必须是简洁明快的, 还要适合兰德尔的特点, 更要具有实用性, 同时能够唤起人们"不留痕迹"的道德行为为准则(在"可持续性"的理念出现之前, 他们的座右铭就已存在很久了)。它还必须在本地化运作的前提下, 传递出全球化的思维。很明显, NOLS 既不需要一个像黄石公园小屋那样的建筑, 也不需要人们通常认为的好莱坞式的西部风貌。

NOLS 做出了一项道德决策, 在市内的总部建筑既要促进当地的经济发展, 又要避免破坏周边的景观环境。新总部大楼的地点是一个废弃的洗车店, 距离贵族酒店仅有一个街区之遥。酒店也继续为学校提供食宿, 我们将主楼层进行了翻修, 可用于大型聚会和学生就餐。

我们的建筑把这块都市中小小的场地完全填满, 我们环顾四周的景观去寻找灵感。我们怎么可能不这样去做? 我们想出的造型让人联想到兰德尔市郊(下、左)大捆的干草垛。我们设计的金发色砖头这是打算与周围大草原的颜色相匹配(下、右)。

外形酷似"干草包"的建筑围成一个朝向
南面的庭院。这个户外的空间内有一块
轮廓清晰的圆形草坪，在当地野外进行
为期一个月的学习训练之前，一个团队
的学生都在这里举行首次聚会。

我们采用当地出产的砖头将建筑的主
体覆盖，当然，一定得是干草色的砖头。
然后我们用预制的混凝土板作为窗台
和窗户顶部，同时，在简单的砖墙立面
上产生了一种浮雕的效果。这一构思是
受到了周围山上岩石形成的一条条带
状图案的启发。

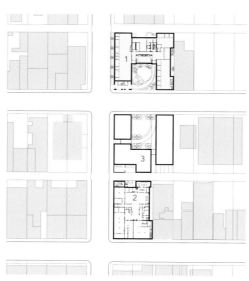

1 新总部大楼
2 翻修后的贵族酒店
3 未来的学术、健身和多功能综合建筑

窗户上那些未加修饰、特色鲜明的钢制遮篷，受到了兰德尔南部红崖独特的氧化铁地貌（下左）的影响。根据人们视角和思维方式的不同，屋顶的遮篷，可以被看作是一片树叶、一只飞鸟，或是一团火焰。它将防火楼梯覆盖在下面，为屋顶的花园提供了遮阳的场所，并且还是一座灯塔。

此外，我们的遮阳篷、挡土墙以及倾斜的条形窗壁都采用了未经加工处理的钢材进行制作。我们通过观察当地的老建筑、农具和采矿设备后发现，由于这里的气候十分干燥，故这种钢材的表面不易腐蚀变质。

受到野外"裂缝"能够为人们提供庇护的启发我们利用大楼和邻近建筑之间的一条小巷，创造了一个适合小型聚会的安全场所。

建筑中部聚会空间的形状犹如一个光线充足的野营帐篷，我们还想到以小型的帐篷灯为原型设计室内的灯具。钢制板条和朝向庭院的玻璃窗也是倾斜的，呈现出帐篷的形态。这些灵感都是来自于发现附近风河岭倾斜的岩石板块和巨大的冰块。

内部办公室采用了暴露在外的木质结构，同时运用了可回收材料。木制立柱使开放式办公区域的空间显得更加亲切温馨。在立柱的后面，我们只精心做了滑动的玻璃面板，在必要的时候可以关闭并形成类似凹室的空间。

开放办公室的声效"云"是一块块犹如裁剪出来的顶盖，由于价格低廉，吸音效果好，并且足够结实，故作为屋顶的装饰，这种产品在 20 世纪 50 年代的高中校园十分盛行。另外，我们还喜欢它类似草帽的样子。

中部的楼梯也是用未经加工处理的钢材建造的，这样可以提供一个安全的保护格栅，不仅可以限制进入下层的人流，还能让自然光线从上方照射进来。我们觉得这个楼梯真正体现了 NOLS 所倡导的道德规范：以简单明了的方式为他人服务，同时具有迷人的魅力，在这个西部的环境中显得与众不同。

几十年的思索

河床花园，埃塞克斯，康涅狄格州

这个正在进行之中的花园项目已带给我众多的感悟。最好的感悟之一就是设计中的合作，在这个案例中，我与安娜·汤普森的合作已经超过17年，并且还在继续进行。我既不是这个项目的首席设计师，也不是其领导下的合作伙伴，我是安娜的丈夫，这不是我的花园，也不是她的花园，而是我们的。

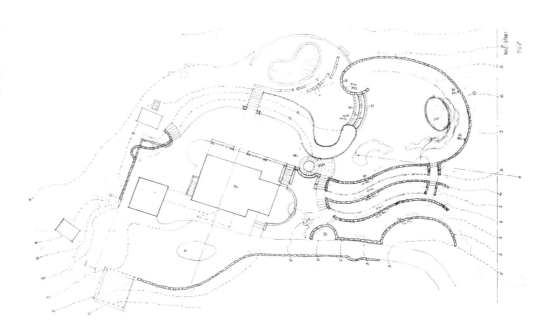

我们彼此促进，去寻找一个双方都满意的方案。滔滔不绝地谈论设计对我来说毫无用处，"我知道最好的"这句话让我一事无成。我倾向于理性的直线，而她则偏爱曲线；我喜欢开放的空间，她却更加关注绚烂的色彩。我知道最好的结果既不是各自为政，也不是互相妥协，而是发现一个方案去解决双方发自本能的需求。我还了解到通过长期创造这样与生活密切相关的事物，会让人学会以长远的眼光去思考，思维观念发生变化并不断演变。曾经幼小的植物正在茁壮成长，其他的或是死掉，或是被害虫吃掉。即花园也在不断地变化。

园林设计中最典型的建议就是要建立一个"骨架"，事实也的确如此。地面分级、墙壁、种植花坛以及较大型的植物都属于骨架。作为设计合作的一个部分，我们一直致力于创建大型的开放空间和密集的种植区域，二者相互补充、相得益彰。

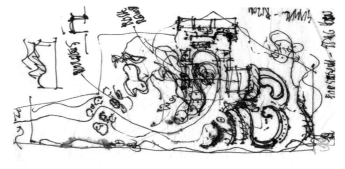

同样，露台的设计也是依据地貌的轮廓和形态，而不是按照我们任何一人在某些地方的花园中看到的样子进行设计。不过，我还是要承认，我们新建的客房具有一些讽刺意味，其设计灵感来自于我们二人都非常喜欢的阿姆斯特丹运河住宅。随后我们将它的尖顶削平，并安装了独特的窗户，这更符合我们自己的风格。

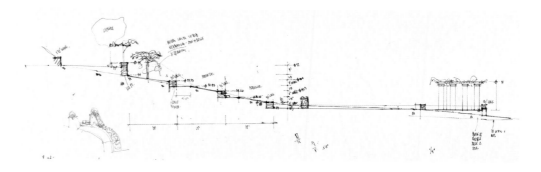

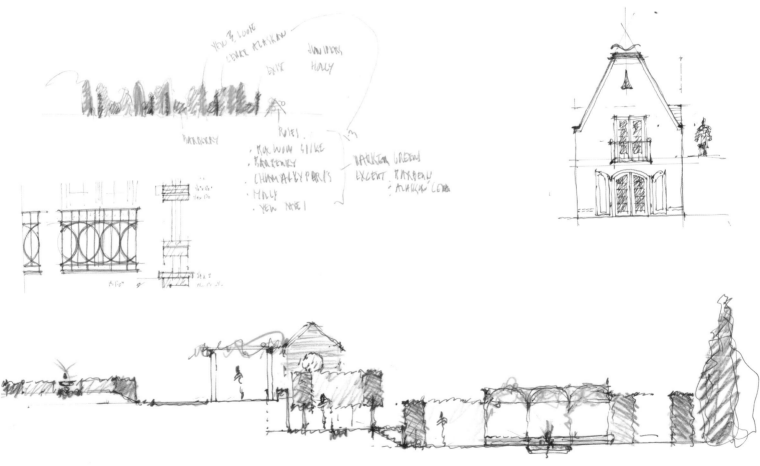

随着骨架纷纷就位，我们开始用各种植物进行"涂绘"。在这里，我们带来了各种其他花园的印记，它们可能来自英国、日本或是普罗旺斯，也许就是我们自己创作的组合式风格。我学会了以不受任何约束的方式自由的去布置这些植物。如果我像建筑师一样试图制定方案，确定什么位置应该摆放什么植物，结果将是糟糕可怕的。于是我开始赞赏园丁灵巧的双手和敏锐的眼光。我也清楚自己的局限性：安娜是一名真正的园丁，而我依然像是一个助理厨师，勉强算是一个助理园丁。

花园里最完美的部分是哪里？回答是——它们永远都不会完成。花园是我们终生的追求，这种追求将比我们的生命还要长久。

友情

森特布鲁克在埃塞克斯图书馆进行的系列讲座，埃塞克斯，康涅狄格州

在过去的八年时间里，我们在当地的图书馆发起了一个关于建筑的系列讲座。我们把它称作"森特布鲁克建筑事务所在埃塞克斯当地图书馆的系列讲座"。这是图书馆人员提出的想法，起初我们怀疑这个小型社区对建筑方面的讲座活动能有多少兴趣，结果证明我们错了，它竟然是图书馆最受欢迎的活动。

我时常会想起那些前来参加讲座，通过我们用话筒展示的国内外建筑而感到受益匪浅的人们。看到光顾图书馆的人们对崇高愿望的强烈求知欲，我感到十分高兴。自私地讲，这也是一个向同事学习的大好机会。他们总是令人鼓舞，其影响已经渗透到我们的工作之中。

我们很荣幸已经举办了下列讲座：

第一季（2008—2009）

"当代世界建筑：优秀的、差劲的、丑陋的"，吉姆·切尔德里斯

"魅力的七个层次：建筑中人性化的解读"，杰弗逊·莱利

"水陆交汇于何处"，查德·弗洛伊德

"可爱的才是持久的"，马克·西蒙

"房子与家——传统、现代性和舒适性"，查尔斯·穆勒

第二季（2009—2010）

"园林建筑：人造的自然"，吉姆·切尔德里斯

"当代的中世纪城市：瑞士沙夫豪森的摄影研究"，查尔斯·穆勒

"C.F.A 沃伊齐和爱德温·鲁琴斯的艺术与建筑"，查克·本森

"为何不去装饰？"，肯特·布鲁莫尔

"上帝降临人间：生态学、神学与建筑"，麦克·克罗斯比

"弗洛伦萨格里斯沃尔德博物馆的克里布尔画廊和其他的艺术场所"，查德·弗洛伊德

"建筑与美"，杰弗逊·莱利

第三季（2010—2011）

"这里的女孩是同事——弗兰克·劳埃德·莱特工作室的百名女性建筑师"，贝弗利·威利斯

"打造科学之村"，詹姆斯·沃森（诺贝尔奖得主）和比尔·格罗夫

"安德里亚·帕拉第奥的建筑"，维克多·丢比

"新千年的灵感和创作"，达利埃尔·柯布

"将一切纳入视角：在你花园中的形式"，路易斯·雷蒙德

"建筑中的色彩"，比尔·格罗夫

"探索吉安·洛伦佐·贝尔尼尼的作品"，查克·本森

"绿色并不轻松：世界各地建筑中有趣的环境问题"，拉斐尔·佩利

"俯瞰奥马哈海滩的诺曼底美军墓地的参观者中心"，戴维·戈林鲍姆

第四季（2011—2012）

"原地不动：重塑你的房子，得到你想要的家"，杜·迪金森

"房子、形势与文化"，乔布·穆尔

"安东尼·高迪"，查克·本森

"与植物和谐共存：一个园丁终生的花园，十五年和计数"，路易斯·雷蒙德

"3D：设计（Design）—梦想（Dream）—就餐（Dine）"，卡洛尔·本特尔

"历史保护与经济发展的冲突，新兴国家环境（和社会）的可持续性"，托马斯·霍沃思

第五季（2012—2013）

"前所未有的丰富色彩：终生花园里的碰撞与协调"，路易斯·雷蒙德

"从事设计"，史蒂芬·施莱伯

"相邻的建筑：建筑如何与环境相融"，约翰·莫里斯·迪克逊

"设计的关系"，比尔·奇尔顿

"从活石中开凿建筑"，查克·本森

"安德鲁·盖勒尔的建筑"，杰克·戈斯特

"城市真正需要经济发展吗？"罗伯特·奥尔

"来自罗马美国学会的观点：台伯河与城市"，路易斯·庞德尔斯

第六季（2013—2014）

"现代潮流"，杰克·戈斯特

"从纪念碑到工具：建筑的过去和未来"，麦克·门斯

"挪威：引人注目的契合"，德雷克·海恩

"弹性设计或者为大自然的最糟糕时刻的设计"，罗奈特·莱利

"建筑中的创作性参与艺术"，巴里·思维格尔斯

"英美哥特式奇观"，查克·本森

"博林·西万斯基·杰克逊：人性化的现代主义"，罗伯特·米勒

"摩天大楼和超越"，罗伯特·福克斯

第七季（2014—2015）

"寻找独特"，查德·弗洛伊德

"都市景观"，艾迪·马歇尔

"建筑师如何将洪水变成财产"，凯特琳·泰勒和艾米·米尔克

"5468796 建筑"，约翰娜·赫尔姆

"建筑中的背景、文化与表现"，塔林·克里斯托弗和马丁·费尼奥

"女建筑师的影响"，查克·本森

"Kuth/Ranieri 事务所的作品"，拜伦·库斯和伊丽莎白·拉涅利

"创造一个花园（园丁）"，弗雷德·布兰德

"求真"，吉姆·卡特勒

第八季（2015—2016）

"SS 合众国，20 世纪设计的特点"，查德·弗洛伊德

"古老的谷仓，现代的农场"，夏洛特·希区柯克

"休·费里斯和李·劳瑞"，查克·本森

"现代废墟"，马修·席尔瓦的影片

"挪威风光中的建筑"，雷乌夫·拉姆斯塔

"向查尔斯·W. 摩尔学习"，约翰·莫里斯·迪克逊

"梦想"，汤姆·博斯沃思

"扩展的标准：建筑中的四位女性"，凯思林·詹姆斯 - 查克拉博蒂

拥抱变化

科罗拉多大学健康科学中心图书馆, 奥罗拉, 科罗拉多州

这个坐落于菲茨西蒙斯陆军医院旧址的全新医学图书馆, 是科罗拉多大学新成立的健康科学中心校园的首批建筑之一。它服务于公众、研究人员、教师和学生。为新校园设计一个门户建筑是一次十分难得的机会, 这个设计还支持了一个让图书馆发挥最佳功能的新途径。

建设地点位于新校园北部边缘的一块开阔的场地。那里只有一座小型建筑, 在第一次世界大战中, 它曾被美国红十字会使用。从感情上说, 应该将它保留下来, 而我们选择的做法是将图书馆设置在一个大型入口庭院的一侧, 小型的老建筑则位于庭院的中心部位, 作为装饰性景观。一段时间之后, 另一个建筑出现在庭院的另一侧（具有讽刺意味的是, 古老的红十字会现在已经被拆除）。

图书馆的入口需要距离校园内的人们更近, 而不是大街上的人们。于是我们将入口设在了建筑的中间位置, 并用一座塔楼使入口更加显眼。塔楼是作为灯塔使用的, 从公共入口以北以及医疗中心以南的位置都可以看到它。它还构成了新校园门户之地的一个侧面。

我们把建筑设计的比较狭长, 这样可以减少内部支柱的数量, 还可以在外表面设置尽可能多的窗户。这个简单的设计方案允许储藏图书的空间在未来可以改作他用, 比如办公室、教室、研讨室, 如果需要的话, 甚至可以用来居住。在这个有悖常规的图书馆方案中, 我们将图书管理人员的位置分布在各处。虽然我们保留了一个传统的借还书处, 但是管理人员的工作空间在馆内随处可见。

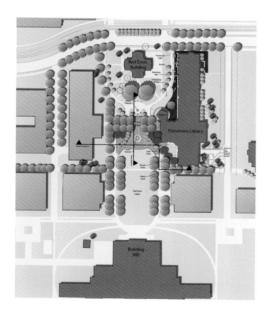

总平面图

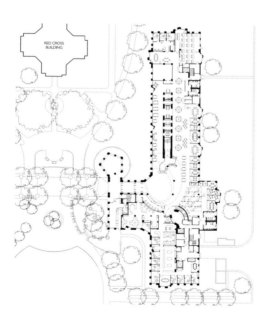

一层平面图

三层平面图

建筑现场的周边环境并没有太多令人遐想的特色，我们便从校园标准的粉红色砖墙、红色的砂石和石灰石开始入手。这意味着我们要在砖结构的墙壁上采用穿孔式窗口，也让我们将玻璃的面积限制在墙体面积的35%以下，以达到节约能源的目的。随后我们的主要精力就集中于如何在不增加玻璃面积的前提下，保证室内拥有最充足的自然光线。事实上，正是根据日常光照变化的特点（下）制定的策略决定了我们对外墙构造和布局的设计。

我们在附近的罗克斯伯勒州立公园（上左）发现了红色岩石，它们的构造形式和反光特性给我们带来了很大的启示。于是我们通过人工的方式，使外墙呈现出折叠和弯曲的造型，以提供更多的反射光线，而不是令人眩晕的直射光线，这也解决了夕阳西下时的一个特殊问题。

我们在建筑的底座和顶盖部分采用了石灰石，体现了这个区域内的传统建筑风格。我们在建筑的下部设置了很多更宽更深的开口，使人们觉得似乎可以从任何地方进入到内部，为图书馆增添了更大的吸引力。

我们在塔楼的顶部建造了一个遮阳蓬，其造型的灵感来自于科罗拉多的州花——色子柱花（下左）。在天花板的处理中，我们也将它作为创作主题，设计制作了灯具以及其他内部饰物。

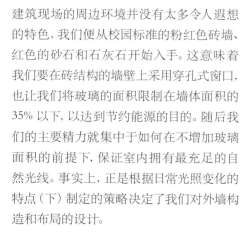

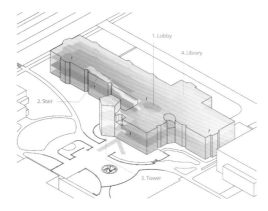

在内部的设计构思中，我们仅通过一部楼梯将三个楼层连通整合在一起。楼梯（右图和对页）可以让更多的自然光线进入到建筑之中，并且将每个楼层分割成两个部分，较宽敞的一侧设置了大型的集体活动空间，而较狭窄的一侧则用于比较密切的私人活动。

我们在建筑中植入了三个椭圆造型：一个在大厅（上），一个在朝向校园的门廊（上右），最后一个在高达三层的庭院，庭院带有一个与洛基山脉弗兰特岭遥遥相对的门廊。这些曲线造型十分醒目，与整个建筑的直线结构形成了鲜明的对比。同时，它们也有助于人们在建筑内部的方位定向。沿着这些曲线的边缘形成的空间，为人们提供了一个感觉亲密的消遣和闲逛的场所。

社交中心

白金汉-布朗和尼克尔斯学校, 剑桥, 马萨诸塞州

这所学校无疑是波士顿地区杰出的独立学校, 几十年来, 他们投入大量的才干和精力专注于完善教学方法, 取得了首屈一指的教学质量。然而, 校舍环境却一直被忽视, 并明显限制了新形式的跨学科教学。日渐落后的规划也令社交互动显得沉闷窒息。

在设计招标中我们赢得了这个项目, 招标中要求为原有建筑增加一个新的入口, 并新建一个用于视觉艺术表演的教学楼。我们并没有选择建造一个独立的新建筑, 而是充分利用现有建筑, 将新建筑与老建筑结合在一起。

由于学校紧挨着一条繁忙的林荫大道, 所以迫切需要一个安静的户外聚会场所。为此我们打造了一个全新的庭院。我们在庭院与道路之间采取了安全保护措施, 并将自助餐厅面向庭院开放, 校园内的所有道路都在此汇聚, 使这里成为学校的社交中心。

我们的新入口为现有建筑增加了一层外部结构, 我们用油漆涂刷了邻近的混凝土墙之后, 又增加了一层玻璃和铜材结构, 使新入口犹如一盏指路的明灯。我们采用了带有重叠的短曲线造型, 形成凹形的曲面, 表达出拥抱的含义。入口处类似剪纸图案的装饰受到了鲁道夫·威特克尔所著的《人文主义时代的建筑原则》艺术的影响, 他的作品和我们的图案都展示了数学、音乐和几何学之间是如何系统地相互影响和关联的。

我们再次自己设计制作了灯具, 它们的造型受到了学校新校徽图案的影响, 而这个新校徽的图案显然又是受到我们建筑方案的启发。楼梯栏杆上的奇妙图案是学生在创作比赛中设计的成果, 我们很想看到他们如何将我们的曲线主题一直进行下去。

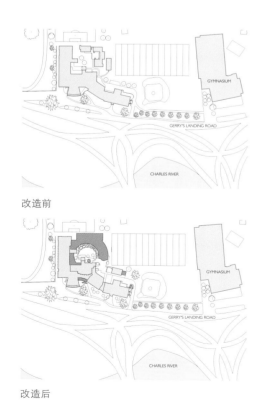

改造前

改造后

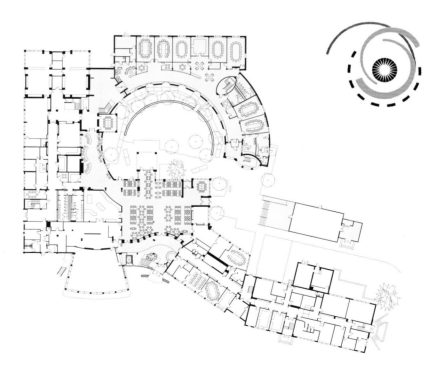

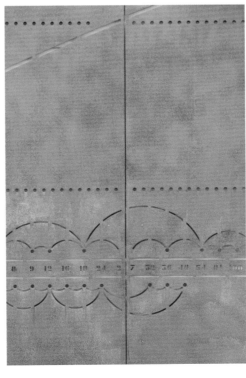

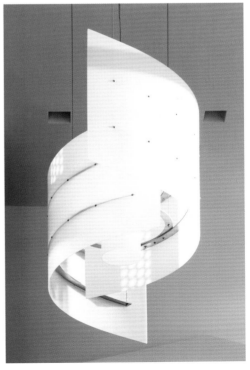

我们的方案是基于私密性良好的同心圆形布局结构，安静的教室和会议室分布在外层，而内层主要是用于聚会和休闲交流的场所。我们的景观设计师史蒂夫·斯廷森在建筑之外继续体现了这一思路——用一圈遮阴的树木和感觉亲切的休闲空间把中心区域环绕在其中。

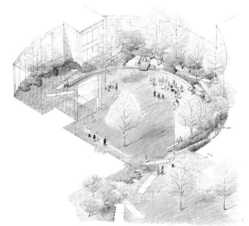

为了充分利用室内与室外之间的过渡层面，我们采用了波士顿地区流行的凸窗。不过，我们凸窗是凹陷在建筑之内的。我们发现这种"innies"结构所形成的凹室可以让人们靠在墙上，更适合安坐。同时也令从室外进入的人们产生一种奇妙的感觉。

在二层有一个大型的开放平台，可以眺望远处，也可以在庭院内举行集会时作为讲台或者表演舞台。

从远处可以望到的巨大的方形凸窗是原有建筑的一部分，我们将这个原来的教室改造成一个休闲的空间，可以俯瞰新建的庭院。新建筑曲线结构的通道区域隐藏在它的后面，将新老建筑连接在一起。

我们创建了一个全新的砖结构模式，虽然与原有建筑的基本一致，但是我们在墙面上引入了嵌入式条带图案，它们是模仿学校体育中心的条纹，该中心是用混凝土块建造并带有黄色釉面砖构成的条纹图案。一些伸出墙面的砖头只是为了表明我们为新建筑增加一些小细节的愿望，虽然这个想法借鉴了哈佛广场附近一座有趣的18世纪砖结构建筑。

曲线窗框围成的巨大窗户被孩子们戏称为"咖啡杯"，这一创意来自于对新奇事物的渴望。我们希望艺术工作室内拥有充足的自然光线，并且具有观看运动场的极佳视野。那些能够俯瞰巴黎的大型艺术工作室的窗户给我们的构思带来了灵感。不过并非所有受到的影响都来自当地，窗户的形状便源自于我们的曲线创作主题。

科学村

冷泉港实验室，冷泉港，纽约州

这是位于长岛北岸的一个特殊机构，在20世纪40年代末期，这里就开始进行分子生物学的研究和教学工作。目前，它已成为世界领先的研究机构，在DNA理论研究方面硕果累累。他们长期专注于遗传学的基本原理，其研究成果和重大发现为治疗癌症和其他遗传疾病奠定了坚实的基础。

这是一个非凡独特之地，多年来，实验室的主任吉姆·沃森一直怀有将这里打造成科学村的愿望。他期望创建一个像剑桥大学那样持久优质的科研场所，他曾经在那里与他人共同发现了DNA，这样的地方一定是迷人和舒适的，也将促进科研人员的社交活动和知识的交流互动。他认为用于科学研究的高技术设施不够丰富，难以满足需求。

这个园区被一个居住社区环绕，并与冷泉港历史悠久的捕鲸村的港口相对。几十年来，我一直与比尔·格罗弗和托德·安德鲁斯合作设计翻建、扩建以及新建各种规模和用途的建筑。吉姆·沃森和他的同事——布鲁斯·斯蒂尔曼、杰克·理查兹、阿特·布林斯、利兹·沃森等，已经对我们产生了巨大的影响。在许多方面，他们教给我们的建筑学和建筑知识，比我曾经见过的任何教授都要多。

从他们那里得来的最大收获就是建筑之间空间的重要性，在这里我们已经知道没有任何事物是独立存在的。这些室外空间通过精心的规划和设计，仿佛彼此相连在一起。另一个收获就是要成为整个社区的一部分，而不是一个孤立的园区。为此我们在这里的建筑体现了当地村庄建筑的各种结构和特色，我们尽力使大型建筑与当地住宅的规模相适应。

实验室 DNA 学习中心的主任戴夫·麦克洛斯的观点认为，实验室的归属感以及历史意义已经明确宣告了科学的发展是日常生活的一部分。这个实验室有一个尖端的秘密是不需要通过他们的建筑来传达的。他们认识到科学的发展变化远比建筑要快的多，因此最好的选择是建立灵活的空间，以适应周边的社区环境，并让建筑的外部特征成为周边环境的一部分。这种做法十分有效，让这里深得邻居的喜爱和支持。

园区较低的部分是历史上的核心地带，这里的建筑和外部空间相对较小。以现代的标准来看，似乎更适合用于办公室这样的非科学用途。但是，为了促进健康的交流互动，我们已经想尽一切办法将园区内的各个方面混合在一起——教学、研究、会议、管理和社交的功能遍布园区的每个角落。

在这个区域里，经过翻新的卡内基图书馆与两个新建筑——赫尔西实验室和会议中心——尼克尔斯 - 比昂迪大厅，共同围绕着一块中心绿地。我们为图书馆增加了阅览室，在它的后面，依然体现了建筑的外部特色。带有厚重木制结构的天花板的内部设计，是我们的独创，我们希望它的魅力能够经久不衰。

对于新建的赫尔西实验室，我们从绿地对面建于 19 世纪的宏伟的涂满彩绘的房子得到了灵感。为了降低其外观的规模，我们把建筑底部的墙面涂成了暗绿色，上部的护墙板和支架则涂上了黄色。窗户上面悬挂的鸟窝（对页下左）显得有些异想天开，同时也暗示着内部正在研究的内容。

新建的尼克尔斯 - 比昂迪大厅模仿了 19 世纪花园帐篷的造型，这里可进行大型集会和举办科学招贴画展览。

值得注意的一点是：当你访问这里的时候，不会意识到这里还有无处不在的机械学。这里的建筑需要换气风扇、冷却塔、应急发电机、煤气和废物储存等设施，它们应有尽有，只是被精心设计的烟囱、塔楼和小屋巧妙地隐藏起来了。

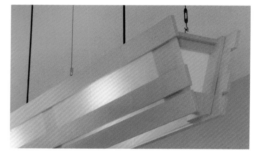

园区内包括赫尔西实验室在内的所有实验室都配备了高科技的设备和设施，用于高级遗传学的研究与教学。因此实验室的内部结构也比较简单，具有良好的灵活性和多功能性。园区内看不到宏伟的大厅和中庭，它们被室外空间所取代。不过，我们在公共空间适当地添加了一些经过细节处理的木制结构，它们造型各异，趣味横生。这一做法使冷泉港回归到了作为科学夏令营的本源。

我们还对用于基本日常工作的建筑进行了翻修和扩建。例如，我们把发电机室和油漆房改成了办公室，并根据原始比例和形状，在中间部位加入了一个顶部带有山墙的入口和一部楼梯。不过，我们在楼梯上增加了新的壁板纹理，以及与众不同的细长形状的窗户。建筑历史学家利兹·沃森想出了一个把所有组成部分合为一体的办法——只用一种颜色对建筑的所有部分进行涂绘。

与村庄的发展进程类似，我们在各处都增加新了的内容，有的时候可以看出它们明显是新增加的，有时则不然。我们已经学会注意每一个组成部分的比例，从而让我们的细节处理更加新颖有趣，我们也有意尝试让各个组成部分彼此之间略有不同。这一切努力都是确保每一个新增的部分都是非凡特殊的，要体现出整体的多样性，而不是与整体格格不入。

冷泉港地势较高的园区内，有开阔的土地可以用来建造大规模的实验室。我们面临的难题主要是如何通过设计将其融入到当地的社区环境。此外，我们还需要将这里的综合建筑与地势较低的园区内建筑有机地连接起来。为此，我们设计了六个较小的独立实验室，通过中央露台紧密连接在一起，成为一个综合建筑。

六个新实验室都设有通往中央庭院的前门。这些实验室都是灵活性极佳的"房子"，里面为私家研究人员和他们的研究团队提供了各种实验室和办公室。庭院下面的连接部分设有公共配套设施，中央设备以及地下循环系统。

位于海港另一面的当地社区，可以看到这个综合实验楼。为了降低实验楼的外观规模对社区的影响，我们刻意将建筑较矮较窄的一面朝向社区。同时，这种布局还在建筑之间形成了有利的空间用于安装楼梯，连接地势较高和较低两个部分的园区。

这里丰富艳丽的色彩出自我们已经退休的合作伙伴——比尔·格罗夫之手，使得我们的建筑虽然都采用了同样的材料，但是看上去却风采各异。

我们将综合实验楼的室外露台作为一
个客厅。与我们在这里的所有建筑一样，
尽量避免了恢宏豪华的室内空间，这样
有利于节约成本，将更多的资金用于科
研工作。

与我们在任何建筑中所做的一样，这里
的房屋都设置了门廊。它们通常配有碳
炉和冷却装置，为小型团体的聚会提供
了理想的场所。

沿着下山的方向，我们创建了一个"农家院"，将位于高地的综合实验楼进行遮挡，用生活的一面隐藏工作的一面。这个院子里还配备了冷却塔、冷水机组以及应急发电机等设备。

建造这个科研场所的价值体现在三本关于这个科学村以及它的历史的书籍已经出版发行。

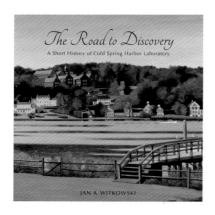

社区公共建筑

费尔菲尔德博物馆和历史中心, 费尔菲尔德, 康涅狄格州

这座博物馆是为了保护和讲述费尔菲尔德的历史而建造的, 费尔菲尔德是康涅狄格州第二古老的城镇。我曾问过主任历史悠久的定义是什么? 他的回答是"任何超过四十年的事物"。我想, 这个定义覆盖的范围很大, 当然也包括我。

建筑包括一个被称作"黑盒子"的展馆, 用于举办不同的展览, 另外还有人工艺术品贮藏室、一个小型图书馆、一个会议室、若干教室和一个休息大厅。该博物馆位于城镇绿地的一侧, 与其他历史悠久的公共建筑相对。

现在, 经过历史的发展, 该镇已经从传统的农业社区演变成为现代化的市郊社区, 在这里几乎可以看到美国各种风格的建筑。我们面临的巨大挑战就是要弄清楚在这样一个社区内, 以历史为主题的建筑应该建成什么样式, 并尽量与周边居住社区的风格和谐一致。为此, 我们决定通过现代的感知力去梳理该镇的农业历史根源, 从中发现创作灵感。

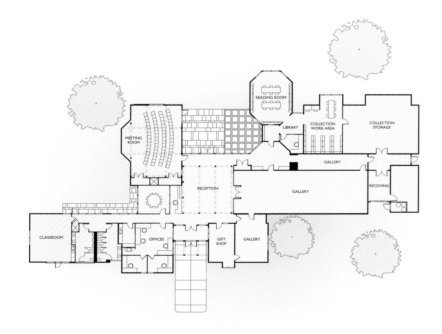

与农家院落里相互连通的建筑类似，我们的博物馆被分解为若干屋顶带有山墙的"方盒子"建筑，并与几个小型的平顶建筑连接在一起。这个方法使我们能够把一个大型的无窗展馆放置在一些小型建筑的后面。我们的综合建筑横贯城镇绿地的一侧，将喧闹的停车场地与安静的绿地空间彼此隔离。

入口位于两个"盒子"之间，休息大厅则位于相连的平屋顶之下，这样的顺序使入口成为通向绿地的正式门户。举架很低的天花板让人们的注意力更加集中在户外的绿地以及环绕在四周的古老建筑。

一个与长方体"盒子"有所区别的建筑是八角形的图书馆，它特殊的造型使我们可以在朝向绿地的一面设置一个巨大的凸窗。这也是一个很好的设计范例：在大多数组成部分构造简单的情况下，引入一个造型独特的部分作为弥补。

我们的细节处理也是历来为人熟悉的，但是我们让它们更具自己的风格特点。与你在现代建筑中可能看到的一样，它们都十分纤细和精致。我们还引入了滑动门板的设计，与门窗一起创造了一种非对称的组合形式。

我们的内部设计既包含了谷仓的简朴风格，也体现出周边建筑那样优美精致的细节和装饰风格。例如，我们巨大的窗户，有着与房子大小相当的比例，并且能将光线分割。但是我们使它们更薄、更简洁，也更具现代感。最后，我们还把博物馆的标志刻在了立柱柱顶的上面。

家

哈里森住宅, 纽约州

新塔楼

二层平面图

新塔楼

一层平面图

原有一层平面图

这个项目是我关于"增加时间层面"理论的一个经典范例。房主得到的这幢房子建于20世纪60年代, 屋顶很低, 似乎受到了弗兰克·劳埃德·莱特风格的影响。房子的结构十分雅致, 但是他们希望增加一个层面, 形成属于自己的风格。

房主们代表了美国人多样性的特点。他们成长于世界各地, 在日本接受过教育, 喜欢古典音乐, 相聚在德克萨斯的埃尔帕索, 在建筑木材行业工作, 喜爱英国都铎王朝式的建筑, 他们还喜欢收集彼得麦式样的家具(德国19世纪的一种装潢)。我们的重任是创造一所有意义的房子, 以满足他们多种多样的兴趣。

要完成这样的任务, 一个可行的途径是避免参考任何事物, 去设计一个抽象的具有现代国际风格的房子, 但是这种做法对于我们的客户来说没有多大的意义。因此, 我们决定将现有房屋的形式、细节以及他们特殊经历的素材考虑到设计之中。

我们在房子的外部增加了屋顶天窗和一个塔楼, 还改变了门廊的栏杆。在入口处增加的一些细节显露出在运用天然的木料、石材和屋顶的造型方面受到了日本风格的影响。塔楼也有意暗示出都铎王朝的木制构架风格。

在内部，我们最大的动作就是重新改造了主楼梯，人们可以更加方便地进入二层空间。但是除此之外，我们的工作都是在现有房间的基础之上进行的，并且增加了一些新的细节和材料。

我们发明了一种插入了椭圆造型的木制装饰，插入的部分可以根据需要更换成不同品种的木材，有时与周边装饰的木材相匹配，有时则完全不同。

受到彼得麦式家具细节处理的影响，我们在镶板上添加了木制的纹理，还有一些诸如金属柱帽这样的小细节（对页，上右）。

我们在低矮的天花板上做了雕刻图案，显露了屋顶的结构形式，但是又将真正的结构隐藏在天花板的背后。这种程度较小的修改大大减轻了我们的工作负担，尤其对于较大型的房间。

建立连接

玛丽学院和圣路易斯走读学校, 圣路易斯, 密苏里州

服务于教育的建筑, 尤其是独立学校的建筑, 必须是针对和围绕着几代人而建立的。我们的项目不仅要走在教育的最前沿, 还必须成为几代校友之间连接的纽带, 唤起他们对学校的美好回忆。

我们的设计目标是在地势较高的校区内增加一个用于 STEM 教育 (科学、技术、工程、数学的教育) 的建筑。原来的建筑, 包括一座钟楼在内都属于一个男生学校, 不过现在已经变成男女合校。之前的女生学校也在附近, 现在是地势较低的一所中学。

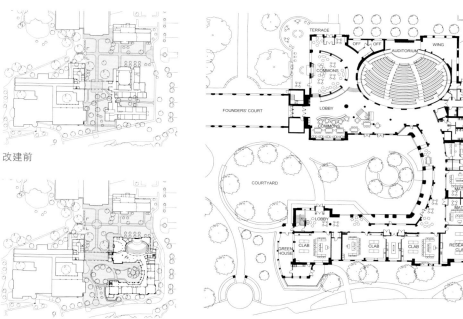

改建前

改建后

这个项目说明了规划设计在促进社交互动方面是何等的重要，学生的大部分教育都是基于这种社交互动基础之上的。原来的建筑围成了一个朝北开放（寒冷）、可以提供自然光线的庭院，但是因为它的朝向与校园的方向背离，属于一个孤立隔绝的庭院，所以并未使用。我们新建的翼楼与原有建筑围成了一个朝南开放（温暖）的庭院，正对校园的核心地带，现在这里已经成为社交活动的中心。

通过规划讨论，我们发现原先的礼堂像一块巨大的岩石，阻碍了参加社交互动人员的流动性。此外，它也难以容纳学校所有的师生。于是我们想到了用一个开放式的公共活动中心来取代这个礼堂。

在这个"中心"里，我们为学生创建了休闲漫步的场所，包括一个更换空间。我们增加了一个拥有 800 个坐席的"论坛广场"，这里没有门，人们可以方便地随意进出，使这里举办的活动成为日常生活中轻松愉快的部分。

建筑的外部特征借鉴了原有的结构,并且受到了可持续性的启发,还增加了一些新的节能环保内容。设在建筑一层的拱廊和二层的格栅为朝向南面的外墙壁提供了遮阳的功能。砖结构拱廊墙壁的顶部是一个种植箱,长满了紫藤和凌霄花,我们设计的雨水储存系统为它们提供灌溉用水。这些绿色植物将茂密地缠绕在顶部的格栅上。(这个项目获得了LEED 的白金奖。)

在建筑的内部,依然体现了我们亲近自然的主题: 密苏里特有的植物形状和色彩、木料和纤维板这样的天然材料随处可见,所有可能的地方都铺上了羊毛地毯。在雕刻和标志图案中,我们还运用了不规则的几何形式。

我们希望能够容纳 800 人的公共论坛广场尽可能地让人们感到亲切的氛围，于是采用了包围式的椭圆形排列布局，从而缩短了坐在后面的人们与前面的距离。我们还使用了长凳式的座位，真正地拉近了人们的距离。天花板由曲线造型的胶合板构成了条纹图案，有助于使上面照射进来的自然光线分散，这些曲线造型的灵感来自于描绘虫洞和时空物理理论的图解。

教学空间的设计突出了跨学科教学、团队合作和基于项目的教学等特点。为此，我们在教室与走廊之间采用了玻璃幕墙，既能产生开放式的感受，又能增加内部的自然光线。

弯弯曲曲的走廊也是学生聚集和工作的场所，打破班级界限的小组可以在这些凹室内作为一个团队共同工作。我们在教室里也设置了类似的独立凹室，环绕在四周的表面可以用来书写。

设计方案无小事

贝拉明博物馆, 费尔菲尔德大学, 费尔菲尔德, 康涅狄格州

在这里, 我们要在一个地下储藏室的基础上建造一个用于艺术历史教学的小型博物馆。这个地下室位于一座建于 20 世纪 20 年代的宅邸之内, 这座宅邸现在是费尔菲尔德大学的行政管理大楼。

我们非常喜欢地下室内厚厚的混凝土墙, 极为适合展览欧洲中世纪的艺术品, 这也是博物馆收藏的最重要的作品。我们发现地下室的最高部分暗含着十字形的平面布局, 并且周围环绕着回廊式的凹室。从那里, 我们设计方案的思路愈发明朗。

现有地下室的大门开在一部陈旧的楼梯之上, 我们用石头对其表面进行了重新修饰。全新的木制楼梯将带您进入下面的十字形展馆, 这部楼梯的灵感源自于米开朗基罗为弗洛伦萨设计的劳伦蒂安图书馆, 看上去具有明显的后中世纪风格, 但是十分适合这里的环境。

对于主要展馆, 我们在设计展示墙壁的时候, 重点突出强调了它的十字平面布局。现有的墙壁使我们无法实现完美的对称式布局, 但是十分接近对称的形式, 在展馆内你很难分辨出来。我们将通风管道和照明线路集中放置在设备箱中, 环绕在天花板上, 使天花板呈现出不同的高度。这样就让人感觉地下室的高度要比只采用平整的天花板时高出很多。

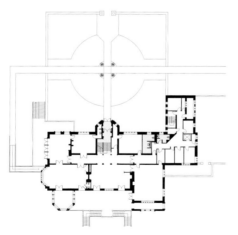

入口层

地下层

通往相邻凹室的拱门上，混凝土表面未做任何修饰，感觉十分奇妙。受到中世纪教堂的影响，我们在楼梯扶手护栏上设计了精致纤细的铁艺细节。确实，这样精心设计的细节和处理工艺更适合现代的木质地板，而不是中世纪的石头地面。

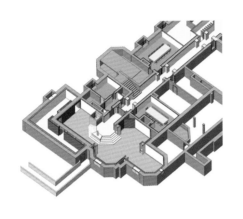

服务与保护

赫克歇尔艺术博物馆, 亨廷顿, 纽约州

有时候, 我们的贡献注定是极其微妙和不可思议的。这座博物馆连同环绕在周边的公园, 在 20 世纪 30 年代就已成为纽约州亨廷顿的珍贵礼物。今天, 它依然是当地社区的重要组成部分——用来进行教学活动和举办当地的艺术展览以及各种巡回艺术展。

客户要求我们在不扩建的前提下, 将博物馆按照现代标准进行升级。这就意味着要让博物馆更加开放, 还要添加新型的机械、照明和消防系统, 以及进行内部与外部的清理和修复工作。

我们先将前面的楼梯拆除, 然后增加了一个更大的露台、一部更宽的楼梯、一面可以栽种植物的墙壁以及坡道。我们在入口两侧放置了曲线造型的巨大种植缸, 在视觉上把我们新建的基座与后面的带有半圆穹顶的壁龛连接在一起。我们将照明系统隐藏在建筑的雕饰内, 并在灯柱中装设了一些小型的聚光灯。我们重新整修了历史悠久、装饰华丽的铸铁前门, 满足了现代参观访问的需求。况且, 这项工作本身就是整个工作的重要一环。

这些简单的改变取得了很大的成功, 创造了一个更有亲和力的入口, 并且让建筑更加贴近人们的生活。在博物馆的内部, 为了隐藏新增的机械和电气系统, 我们将它们放置在了新旧墙壁的夹层之内, 因此展馆的空间比原来要小了一些。按照现代艺术博物馆的要求标准, 我们没有采用自然光线的照明方案, 而是在修复之后的玻璃天花板的上方, 安装了能够模仿日光效果的人工照明"灯箱"。

私有经济

公司办公室, 斯坦福, 康涅狄格州

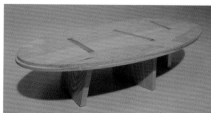

这些新办公室位于一座企业办公大楼的同一楼层, 属于一家跨国公司。他们拥有众多的国际客户、不同国家的员工和灵活多样的工作模式。随着办公地点逐渐遍及世界各地, 他们希望拥有一个既能展现国际风范, 又能体现出康涅狄格海岸风貌的办公环境。

我们必须在一个并不宽敞的空间里为众多的人员创建一个办公空间。因为他们需要良好的隔音效果, 所以我们没有采用传统的办公隔断。我们还希望自然光线能够一路畅通地进入到内部空间。

我们在解决方案中用私人办公室围绕在外层空间, 内部采用玻璃幕墙, 以便让自然光线进入到中心区域。我们还安装了落地窗帘, 必要的时候可以为办公室提供良好的私密性。内层空间的办公工位也环绕在核心的四周。随后, 我们创造了一些"漂浮"在外层与内层办公室之间的船型办公室, 这些小型办公室的曲线轮廓使得走廊某些位置的宽度仅有 0.9 米, 但是并不会有挤压的感觉。自然光线可以穿过这些"小船"之间的空隙进入到内层的办公区域。

为了体现出海岸和航海的特色, 我们在设计中采用了白色的墙壁和木质装饰, 令人联想到玻璃纤维制造的游艇。我们的合作伙伴马克·西蒙还设计了栈桥式办公桌。此外, 我们还设计了定制式的临时木桌, 添加了手工制作的具有现代感, 并在当地十分流行的木制家具。

发扬传统

科罗拉多大学，沃尔夫法学院大楼和社区中心，博尔德，科罗拉多州

与壮观的山脉背景相结合，是科罗拉多大学的建筑特色，也造就了一个世界上最具特色的校园。在 20 世纪 20 年代，建筑师查尔斯·克劳德尔曾受雇在这里建造另一个具有哥特风格的校园，他很明智地选择了拒绝这种风格，他认为这里的特色对于这所大学是独一无二的。受到这里的地貌以及托斯卡纳之旅的启示，他创造了一种与这个大草原洛基山脉交汇之地有着关联的建筑。

就像你可能在托斯卡纳的农场里看到的综合建筑一样，初看上去，克劳德尔创出的形式有着很大的偶然性。但是当你仔细查看之后，就会清楚地发现这些形式和细节都是经过认真研究才得出的。虽然没有任何关于这些研究过程的记录，但是我认为他应该是从正规传统的建筑开始入手，之后逐步摆脱僵硬化的束缚，创造了魅力无穷的建筑形式，得到了广泛的青睐。人们不必成为建筑学者，就可以欣赏和品味他的建筑之美。他的建筑连同他设计的水牛吉祥物，已经成为这所大学的品牌标志。

随着时间的推移，尤其是在战后时期，校园不断地扩大，出现了很多新式的建筑。它们与克劳德尔的建筑精神完全背离，这种背离遇到了猛烈的回击。学校方面，甚至该州的立法机构开始认真权衡该校的建筑风格。他们需要现代化的建筑，但是不希望失去代表科罗拉多大学的特殊建筑风格。

我在这所学校的附近长大，我的同学乃至我的父亲都曾在这所学校就读。我对它了如指掌，在国内的其他地方工作和生活多年之后，我更加清楚它的特别之处。

在这里，我们设计了两个大型的项目：法律学院和社区中心。两座建筑都必须比原来克劳德尔的建筑要大出很多，这意味着我们的巨大建筑要与校区内精美别致的建筑风格相匹配，这无疑是一个巨大的挑战。我们充分研究了原有建筑的形式与细节，在此基础之上，加入了我们自己的新创意。

早期建筑

新建筑

早期的校园建筑，下部左图是我们的社区中心

Farrand West Elevation

原有建筑

Ketchum North Elevation

原有建筑

Wolf North Elevation

法律学院

Center For Community North Elevation

社区中心

原来建筑（见这两页）的构成形式几乎都是由简单的二至四层高的长方体建筑为中心，周围是一群类似书挡并带有山墙或是棚式屋顶的立方体建筑。这些"书挡"的造型和细节都是以中心的建筑为中心呈双侧对称的。这些造型由高至低连接在一起，像阶梯一样错落有致，时而扭曲、时而弯转，趣味横生。

中部主体建筑通常结构简单、并且带有由石头和窗户构成的交替的竖直条纹。具有古典风格的黑色拱肩面板将上面和下面的窗户相连。

在克劳德尔的总体规划中，建筑通常呈现"U"型、"H"型或"I"型的平面布局，并带有衬线。因此会形成一端带有开口的庭院，在当地的气候环境下，完全封闭的庭院不是过于寒冷，就是过于闷热。

克劳德尔的建筑外部材料主要采用当地的砂石，像八彩调色板一样呈现出红色、粉色、米白色以及培根条纹（看似一包培根咸肉）。他运用石灰石来修饰窗户的轮廓，因为它不同于任意切割的乱石，表面十分光滑，便于窗体的安装。另外，由于石灰石适合雕刻，他也经常用它们在各处进行适度的装饰。

他还制作了众多迷人的门径、窗口、阳台、鸽房式烟囱以及其他细节，它们精巧别致，令人愉悦。他的建筑造型各异，具有十足的韵律，更加增添了无穷的乐趣。这些图片展示的只是他细节处理的一小部分样例。

克劳德尔采用黏土瓦片铺设的屋顶比其他任何材料都更适合这里的气候，尽管它们是在俄亥俄州制造的。这些瓦片的颜色也是丰富多彩，各种颜色混合在一起，在几十年的时光里绽放着异彩。而过于单一的色彩将会显得与校园的环境极不协调。

有趣的是，克劳德尔的建筑在内部却是乏善可陈，不但空间狭小，巧妙的细节和精美的装饰也比较罕见。具有典型的忧郁暗淡的斯巴达风格。

科罗拉多大学法律学院

法学院大楼位于校园的南部边缘，当你从丹佛来到这里时，它是那个位置上能看到的第一座建筑。在校园的这一端的建筑早已偏离了原有的风格，大学方面，尤其是法律学院正在下定决心找回原来的特色。

我们设计的平面布局呈"L"形状，也可以添加一座翼楼使其变为"T"形布局。这种布局形成了一个入口庭院，朝向校园进入车道的一面完全开放，并拥有福莱特利恩山脉的壮观视野。建筑的前门位于一组奇妙有趣的拱门之间，一座低矮的山墙将它掩藏在后面，起到了抵御猛烈的奇努克风的作用。

为了与原有建筑保持一致，大楼的尽头和端部都采用了山墙和棚式屋顶结构。它们从接近地面的位置开始像阶梯一样延伸到建筑的中部。中部位置的外观更为简洁，主要由石头和窗户形成的条纹图案组成。

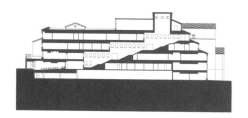

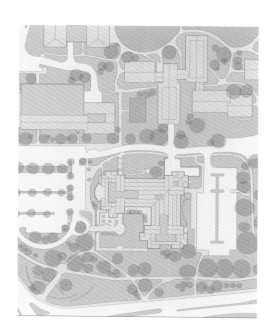

Third floor plan

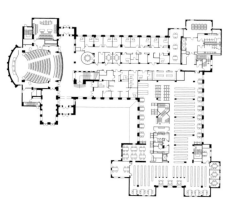

First floor plan

法律学院专注于研究多项与当地利益相关的问题，包括印第安人的权利、用水权以及农业和采矿业等方面的问题。为此，我们将带有农业和采矿业特色的建筑风格结合到设计之中。与入口正对的是由肯特·布鲁莫尔设计的浮雕——刻画了群山之间农田中灌溉的庄稼——展现了杰弗逊派特有的网格化风格。

在建筑的中部，我们继承了竖直玻璃窗和黑色镶板的传统风格。但是我们没有照搬原来的镶板，而是受到当地平原印第安人装饰图案（下右）的启发。我们还在上面雕刻了自己创作的图案，这个图案也可以看成是"LAWLAW"的拼写。

为了与克劳德尔的传统一致，我们的内部设计也是中规中矩，但是与他不同的是，我们的色彩更加丰富，细节也更为有趣，比如，我们将来自于铁轨（上中）的灵感给了大厅的天花板。由于无法建造大型的中庭，所以我们把主楼梯设在了建筑的中心位置，将这里作为人们相遇和小聚的地方。从圆顶上投射下来的自然光线可以穿过楼梯间进入到建筑更深的内部空间。

科罗拉多大学社区中心

社区中心位于主校区的居住区域与核心学术区域之间。这里可以为学生提供各种服务，使他们可以时常在这里相聚，进行交流。为此，我们在主层内设计了室内步行街，沿街设有 12 个风味独特的餐厅。这种方便多样的就餐方式十分有效，让学生对校园更加留恋。

上部两层的空间可以为学生提供各种服务——诸如登记注册、国际研究、职业安置、咨询服务等。厨房设置在较低的突出在外的层面上，那里还有一个类似"洞窟"的空间，可以为学生提供夜宵，也是闲逛的好去处。另外，建筑还设有两层地下停车场。

建筑呈 H 形的平面布局，与校园内原有的建筑保持了一致。我们曾经尝试过 X 形布局，因为这种布局有助于将学生聚集在建筑的中部。但是在这样的斜线布局下建造方形的停车场会使造价大为提高，再加上这种布局与校园的原始风格差异过大，所以我们最终还是选择了放弃。

我们的 H 形布局构成的朝向西面开放的庭院可以用于户外就餐。朝向东面开放的庭院则作为从校园的居住区域进入建筑的入口，同时还可以用于举办大型的聚会活动。类似"洞窟"的空间也朝向这个庭院开放，可以进行丰富的活动。建筑的制冷设备隐藏在一座塔楼之内，这座塔楼作为灯塔成为建筑东部入口的标志。

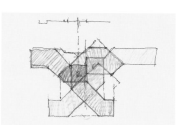
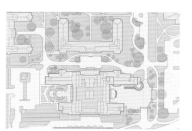

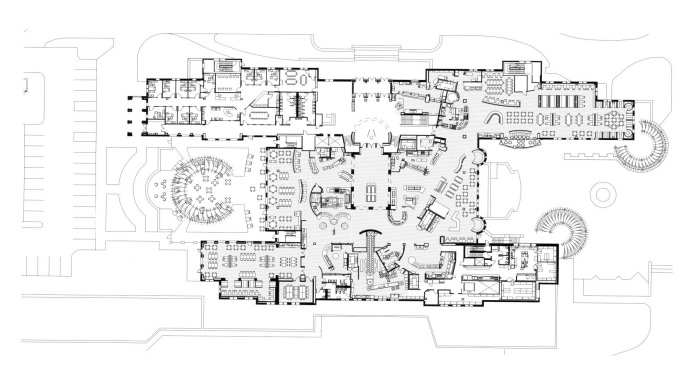

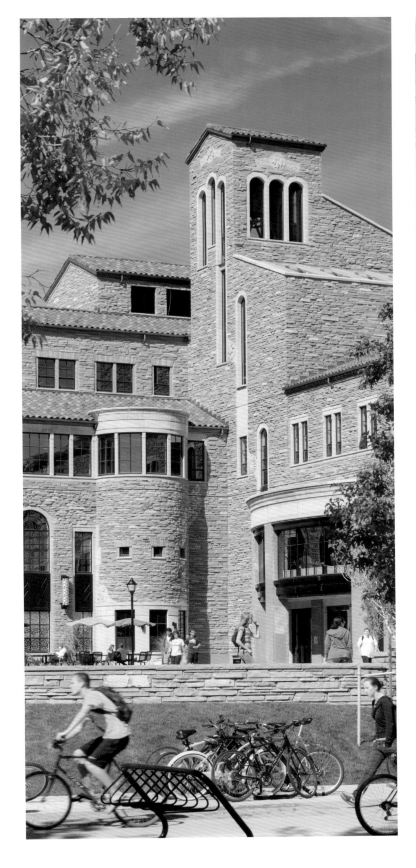

由于这里关系到学生社交生活，所以这座建筑设计得比法律学院更为适合休闲。我们增加了各种有趣的凸窗、门廊、眺望台以及造型各异的窗户，令整个建筑趣味横生，似乎在对过往的人们说"快进来，到上面来看看！"

建筑的造型与很多细节依然保留了校园建筑左右对称的形式。不过我们也在很多地方打破了这一规则，使我们的建筑仿佛一座随着时间推移而逐渐完成的山城。我们仔细研究了每一个部分，但是我们也尝试自由随意地将各个部分按照需求加入和去除。

我们将北部入口稍微缩进了"H"的一侧。各种开口和细节明显受到了克劳德尔建筑风格的影响，但是更为顽皮有趣，似乎在不停地跳来跳去。我们的倾斜屋顶可以避免把积雪倾倒在人行道上，我们还在大门的顶部设计了平顶露台，可以用来收集积雪。

我们发明了一种装饰的语言，用来表达社区的特色。我们还安装了刻有世界各地鲜花图案的石雕，尽管你可能不知道每种鲜花的名称，但是我们因为它们能够激起人们的求知欲而感到快乐，更何况，在它们的内部还有一把钥匙，上面有鲜花的名字。

我们还设计了由交叉曲线编制而成的结状饰物，并将其运用在雕刻、金属制品和灯具上。这一灵感来自于我结婚戒指上经典的凯尔特 (Celtic) 结造型，它代表着相濡以沫的两个生命。在这里，我们用四股线条交织在一起代表整个社区。

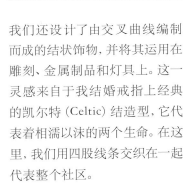

内部的结构布局以中庭为核心，位于上层的每个学生服务组织都可以看到中庭。我们的想法是，当你去就餐时，可能会突然产生去拜访某一个特定的服务组织。至少你也能了解到它们位于学校的何处。

我们安装了能够将光线反射到内部的鳍状反光片。而 2×4 规格的木饰则是让内部具有暴露的"西部框架"式房屋风格。我们还曾打算在那些 2×4 规格的木饰之间采用天然完成的胶合板，可是，我们后来发现白色石膏反射自然光线的效果更好。它确实起到了有效的作用，但是我认为，我们"西部框架"房屋的想法最终还是需要向观赏的人们进行解释。

我们的美食街是整个建筑装饰的核心部分，这里充满了各种乐趣、美食和色彩。学校需要 12 个不同的餐饮点为学生提供五花八门的美食。于是我们自问道："为什么要让它们看起来都一个样子？难道看似意大利的食品就可以叫意大利食品？用'糖'做的东西都叫甜品？同样，800 个席位都必须一样吗？为什么不是造型各异的，为什么不放在不同的地方？"

我们都喜欢在不同的地方就餐，日复一日地在同一地点就餐会令人感到乏味。为了解决这一问题，我们从功能的角度入手，展开了12 个就餐场所的设计工作。我们把它们划分给我们的团队成员，每一名建筑师负责一个场所的设计工作。我坚信正是这种有趣的分工合作令这些餐饮设施如此成功，以至于这里的美食也同样丰富、新鲜、味美。带你的孩子们来吧，这将是一次超值之旅。

推进合作

杰克逊基因组医学实验室，法明顿，康涅狄格州

杰克逊实验室的总部位于缅因州的巴尔港，他们正在计划新建一个用于医学研究的实验室，同时它也将成为康涅狄格大学卫生科学中心新兴的生物科技中心的核心实验室。他们希望新建筑能够体现出杰克逊实验室根植于缅因州的发展历程，展示它在康涅狄格研究中心的重要地位，并能够代表它在国际科学界的身份与地位。在某种意义上，就是以全球化的思维，进行本地化的研究工作。

他们还需要一个最先进的研究设施。新的科学发现来自于无数人的知识和贡献，同样，这样一个建筑也需要一个由科学家、工程师和建设者共同组成的团队才能完成。两名世界一流的实验室设计师——里克·柯布斯和杰夫·尚茨也加入了到我们的团队。我们的共同任务就是要创建一个具有灵活性，可以使未知研究途径和手段不断发展完善的实验室。实验室的主任艾德·刘指出，他们需要的是一个能够"快速失败"，并且能够尽可能迅速地进行下一项实验的实验室。

在实验室的设计过程中，灵活性被置于首要地位。实验室空间的形状必须简单并具有通用性。还要在现有的场地条件下，尽我们所能使它的空间更大、更开放。

建设现场被挤压在一个陡峭的小山和一段地界线之间，为了适应这样的地形，我们尝试着把建筑分解成若干较小的组成部分。但是却发现这样无法让实验空间随着研究的进行和发展变化而随意扩大和缩小。最后，我们将一个简单的直线型长条"拧"成弯曲的造型，解决了场地条件的限制。

我们还增加了一个椭圆造型建筑，我们把它称为"肉豆蔻"，作为会议中心，并用于行政管理。这个形状一方面是由地界线决定的，另一方面则是因为需要一个更为开放的入口区域。由此，在南面形成的庭院成为一个安全的聚会场地。今后，这里还会增加一座翼楼，与"肉豆蔻"一起，作为社交活动中心。

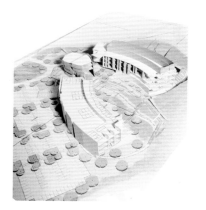

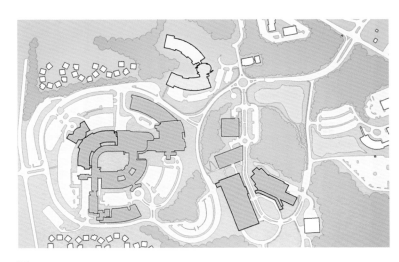

Office
Conference
Common Area
Wet Laboratory
Dry Laboratory
Core Laboratories
Fitness
Lab Support

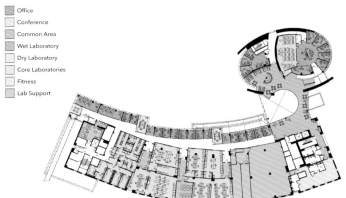

二层平面图

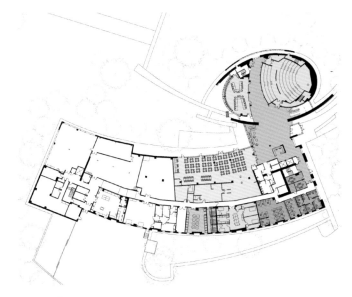

一层平面图

我们将实验室曲线形的外表面用石头进行了覆盖，用来体现缅因州岩石海岸的特色以及康涅狄格州古老的石磨坊（右）。我们还希望以此创造一种坚固的感觉，去面对附近由预制混凝土建造的大型医院，在那里可以俯瞰我们的实验室。

实验室的窗户非常普通，也很务实，但是我们调整了它们的高度，增加了些许自由轻松的气氛。毕竟，这里的科学研究是为了让人们的生活更好，而不仅仅是一些枯燥无味的东西。大型的竖直窗口位于实验室的每一个"拧结"上，并开向公共的配套设备空间。

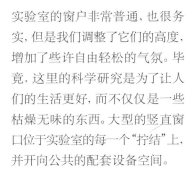

位于中心部位的"肉豆蔻"采用了镀锌面板和玻璃进行罩面。镀锌面板的安装方式与木制墙板十分相似。在很多木制墙板结构的房屋中（下左），包括巴尔港的一些房屋，这是一种用来覆盖弧形墙面的特殊方法。我们还采用了风帆的造型（下右），将同样处于沿海地带的康涅狄格州和缅因州联系在一起。

由于在办公室内可以俯瞰西侧的庭院，所以我们将这一侧建造得更为精致美观。竖框和由不同色彩的玻璃构成的图案则是受到落叶树木启发的产物。

玻璃幕墙只有在特定高度的窗口部位才是透明的，而其他部位都是采用的非透明绝缘玻璃。这也是确保建筑高效利用能源的最佳途径。第二个途径就是提供遮阳的设施，我们发现这只在朝南的一侧才能产生成本效益。在西侧的玻璃上应用陶瓷熔块，可使能量成本更为划算。

The Nature of Things
John Dorr Nature Laboratory, Horace Mann School, Washington, Connecticut

万物的本性

约翰·多尔自然实验室，贺拉斯·曼恩学院，华盛顿，康涅狄格州

这里位于康涅狄格的森林之中，来自市内学院的学生们汇聚于此，研究自然的可持续性，学习自给自足的生存方式。每次，他们都可以在这里停留三至七天的时间，住在附近的简易房屋中。除了上课之外，他们还可以自己做饭，可以徒步远行，也可以滑雪，甚至可以在周围的群山中享受野营的乐趣。

学院需要的是一个带有起居室、餐厅、教室和配套设施的建筑。他们还十分确定地认为并不需要一个"珍贵的建筑杰作"。可见，他们需要的是一个舒适、实用的低成本建筑。最为重要的是，他们希望这个建筑能够帮助学生学习到关于可持续性的知识。

由于现场位于一块野地的边缘，所以我们决定将建筑分成两个部分，从而形成一个户外的聚会空间。我们将两个部分放置在边缘的下沉地带，这样，底层就形成了半地下室的结构，而上面的一层则直接面对庭院，这不仅使整个建筑显得更为亲和，还降低了建造成本。

建筑的两个部分都采用了简单的方形木制框架结构，并带有山墙屋顶以及用角钢制作的屋顶横木。我们在屋顶增加了凸起的天窗，上面可开启的窗户不仅能够让自然光线进入到房屋的内部，还可以提供良好的自然通风。天窗的凸起部分高于屋脊，使屋顶的面积更为宽阔，还能安装更多用于供电和热水供应的太阳能光伏电池板。

为了保持本地化特色，我们采用了标准的新英格兰地区的建材和设备系统。我们建造了通向户外的超大型开口，并在装修过程中避免使用含有挥发性有机化合物（VOCs）的材料。门廊的顶部采用了半透明的波纹状玻璃纤维，自然光线可以透过顶部射进门廊和内部。

由当地石匠用石头砌成的大型壁炉是整个建筑中极为特别的奢侈品。不过，为了坚持我们的目标，我们找到了价格实惠的桶式镀锌灯具。更有甚者，主任还弄到了为连锁餐厅制造的廉价餐桌和座椅。

一层平面图

低层平面图

小小的进步

三位一体与石灰岩，雷克维尔，康涅狄格州

这个项目的目标是对一座经典的乡村主教教堂进行第三次建造。这座教堂由理查德·厄普约翰设计，建于 1898 年。1970 年，教堂增加了一座牧师住宅。这一次，我们要为教堂新建若干个会议室和教室。

摆在我们面前的困难就是将这样一个端庄朴实的建筑变得独具特色，同时又不能过于惊艳，抢走牧师住宅的风头。

教堂

牧师住宅

新建部分

我们运用十分简单的方法，设计了陡峭倾斜的屋顶，使新增的建筑别具一格。我们打算用新建的建筑创建一个回廊式的庭院，不过，完全封闭的庭院会带来过高的造价。但是我们发现如果将两个侧面封闭，并至少把一个拐角转化为第三个侧面，同样能够创造出庭院的感受。也许，我们的后代能将这个庭院彻底完成。

我们的建筑采用了当地标准的木式结构，木制薄厚板镶接的外墙立面协调地与 1890 年建造的石头立面和 1970 年建造的光滑墙面融合在了一起。我们还创造了一些端庄的木饰细节，展现了这座古老教堂哥特式风格的本源。

THE CENTERBROOK CHAIRSHOP

森特布鲁克座椅工坊

开设于 2013 年的座椅工坊反映和支持了森特布鲁克对于工艺、美感、经济节约和人性化的追求，这些也正是我们努力植入到每一个建筑之中的要素。座椅工坊的参与者都是事务所的成员，而且均在内部的装配车间得到过锻炼，并接受了各种建筑技艺的实际操作指导，包括木工、金属加工、制陶术、合成树脂、铸造、构造和装饰，等等。

该部门的任务非常简单，就是设计和制造座椅，并期望我们的合作伙伴在坚固性、舒适度、制作工艺和美感方面对每一个完成的座椅做出评价。这听起来似乎有些过于简单，毕竟座椅不像完整的建筑那样复杂，很多著名的建筑师都设计出了口碑极佳的座椅，其中包括莱特、柯布西耶、萨里宁、盖里、格雷夫斯和密斯·范·德罗。

可是，应当注意的是，在体验了座椅的制造过程之后，密斯曾经打趣说道："座椅真是一个难造的东西，还是摩天大楼更容易一些，我终于明白齐本德尔式家具为什么那么有名气了。"

的确，一把座椅就像一个要求苛刻的监工。当然，它必须是结实的，不过这是通过相对纤细的部件之间相互作用的应变力产生的拉力而实现的。座椅也必须是舒服的，同时也是美观的，与雕塑一样，这种美观来自于它所有的优点。

我们制造的座椅有一部分被保留在自己的办公室内，并且放置在接待区域和休息大厅内（下图），或者以震颤派的风格悬挂在墙壁的醒目位置，留给子孙后代。

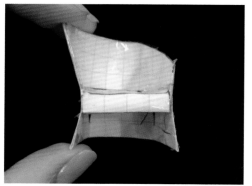

弗兰克·乔尔达诺

座椅工坊由帕特里克·麦考利领导,他是我们的模型制作大师和工业设计师。此外还有我们的前任和现任设备经理——比尔·鲁坦和罗恩·坎贝尔,二人都称得上是木艺大师

艾德·基格尔

阿加莎·瓦斯塔基斯·佩斯蒂莉

伊丽莎白·海德

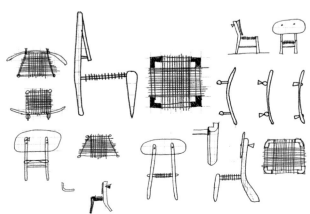

座椅工坊鼓励每一名参与者去吸收采用各种制作工艺和材料，包括弯曲的形状、雕刻和版画、层压技术、虚饰、榫卯结合、胶水和螺钉、编织物品、油漆罩面、亮光漆、虫胶、亮油或蜡。在手工绘制完初步设计草图之后，最终的设计图是由设计软件 Revit 完成的。该部门的指导范围十分全面，包括电动工具和手动工具的选择，如何安全、熟练地操作这些工具，材料的特性和选择，细节设计的选项等。

玛丽·威尔逊

查尔斯·穆勒

贾斯丁·海德

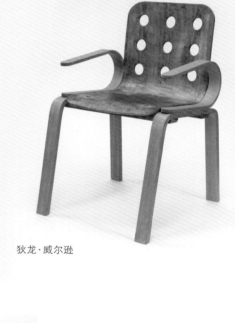

狄龙·威尔逊

基思·威尔士

孙贤周

德雷克·海恩

丹·巴特

尼克·费加罗

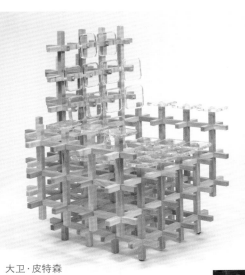

大卫·皮特森

大卫·奥康纳

安德鲁·萨夫兰

安娜·沙坤

2013-2016年度获奖作品

梅丽莎·科普斯

2013获奖作品

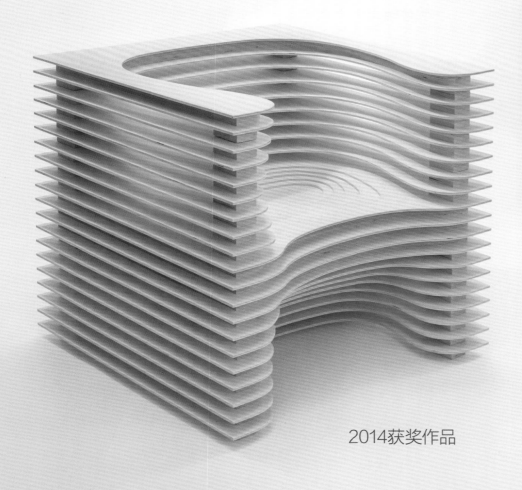

2014获奖作品

雷诺·米加尼

2015获奖作品

朱莉安娜·坎卡萝西

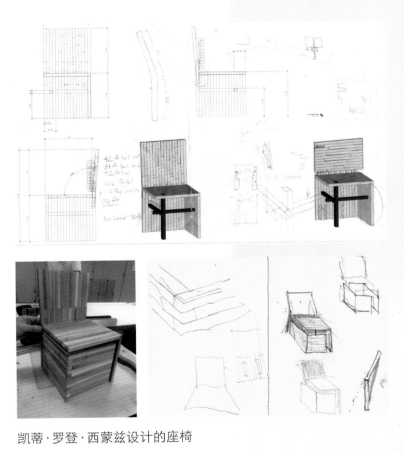

凯蒂·罗登·西蒙兹设计的座椅

2016获奖作品

主编与森特布鲁克合伙人

约翰·莫里斯·迪克逊, FAIA

1955 年毕业于麻省理工大学并获得建筑学学士学位之后，约翰用了两年的时间作为一名学徒建筑师从事建筑工作。随后他开始了长期的职业生涯，投身到建筑新闻的行业。他曾先后在《进步建筑》和《建筑论坛》两家杂志社供职，并在 1972 年到 1996 年期间担任《进步建筑》的主编。

1977 年，迪克逊先生进入到美国建筑师协会学者学院，并于 1983 年成为该机构的国家设计委员会主席。他在各地进行讲学，也是众多奖项的评委。此外，他还是各种设计招标活动，诸如卡纳维拉尔角和埃文斯顿的宇航员纪念馆、伊利诺伊州公共图书馆等项目中的评委。不仅如此，他还被联邦总务管理局指派为同行评审专家。

目前，他是一位自由作家和建筑顾问，也是《建筑师》杂志的特约编辑和美国建筑师协会纽约分会的季刊《圆孔》的定期撰稿人。

杰弗逊·B. 莱利, FAIA

杰弗逊·莱利于 1968 年获得了劳伦斯大学的艺术学士学位，并在 1972 年在耶鲁大学得到了建筑学硕士的学位。

1975 年他与人共创了摩尔·格罗夫·哈珀事务所，这也是森特布鲁克事务所的前身。除了遍布美国各地的众多建筑，从 1977 年开始，莱利先生还设计了昆尼皮亚克大学的全部建筑。从早期开始，建造木制小船的经历，在乡村的观察和考察，以及对人本主义的研究丰富了他的设计手段，也拓宽了他的设计思路。1992 年，他进入了美国建筑师协会学者学院。在 20 世纪 90 年代，他为联合基督教会开发了一套与礼拜仪式相关的教堂设计准则。1999 年，他获得了劳伦斯大学颁发的卢西亚·R.布里格斯杰出成就奖。2001 年，他在康涅狄格州吉尔福德的住宅获得了美国建筑师协会颁发的新英格兰地区 25 年成就奖。2005 年，他被《建造者》杂志列入了优秀设计名人堂。2011 年，格林威治乡村走读学校授予他杰出校友奖。莱利先生还是古德斯比德歌剧院和纽约剧院芭蕾舞团的董事会成员。

马克·西蒙, FAIA

1968 年，马克·西蒙以优异的成绩毕业于布兰迪斯大学雕塑专业，并获得了艺术学士学位。

作为雕塑家西德尼·西蒙的儿子，主修美术专业的马克·西蒙每年都能获得大学的年度奖项。从耶鲁毕业之后，他做过家具木工和承包商的工作，在进入查尔斯·摩尔的事务所之前，也曾在几家建筑事务所供职。在 1978 年，他成为摩尔·格罗夫·哈珀事务所的一名合作伙伴，现在这里已成为森特布鲁克事务所。西蒙还是美国建筑联盟的首批 40 位杰出青年大奖的获奖者之一。1990 年，他进入了美国建筑师协会学者学院。目前，他已经获得了超过 120 项国际、国家以及地区级别的设计奖项。众多的出版物和书籍都收录了他的作品，并以此为特色。他还在耶鲁大学建筑学院以及其他著名的机构进行讲学和演讲活动。他也是查尔斯·W.摩尔地点研究中心和纽黑文长码头歌剧院的董事会成员，同时也是耶鲁建筑学院院长委员会的成员。

查德·弗洛伊德, FAIA

查德·弗洛伊德于 1966 年在英国获得的艺术学士学位和 1973 年获得的建筑硕士学位都是来自于耶鲁大学。

1973 年从耶鲁建筑学院毕业时, 他被授予温彻斯特旅游奖学金, 获得了去印度旅行的机会。1974 年, 他得到了国家艺术基金会的个人资助金, 使他有机会在美国旅行的两年时间里对建筑在庆典活动中的作用进行研究。这些研究成果被整理成《建筑的记录》一书出版, 在其他出版物中也能见到这些研究成果。

弗洛伊德先生已经设计了众多的艺术博物馆和用于展览的建筑, 在本书中可以看到其中的一些项目图文并茂的介绍。1976 年, 利用大学期间在耶鲁戏剧协会参加活动获得的经验, 他率先使用电视直播节目作为都市设计的工具, 推出了"Design-a-Thon"活动。最终, 俄亥俄州的代顿市、马萨诸塞州的斯普林菲尔德市、弗吉尼亚州的罗阿诺克市以及纽约州的沃特金斯格伦都推出了同样的节目。1991 年, 他进入了美国建筑师协会学者学院。

吉姆·切尔德里斯, FAIA

吉姆·切尔德里斯生长于科罗拉多州, 就读于长岛设计学院, 并于 1977 年获得美术学士学位, 1978 年获得建筑学士学位。由于罗德岛设计学院在欧洲开设的荣誉课程, 他还在罗马度过了一年的时光。1979 年, 他来到森特布鲁克开始建筑师的工作, 并于 1996 年成为一名合作伙伴。

1994 年, 他被选为 40 位杰出青年大奖的获奖者之一, 并于 2001 年进入到美国建筑师协会学者学院, 负责设计教学。2005 年, 罗德岛设计学院授予他职业成就奖。在过去的 30 年里, 他几乎每年都能至少获得一个奖项。

吉姆以美国建筑师协会设计顾问委员会成员的身份在世界各地倡导卓越的设计, 2015 年, 他成为该委员会的主席。他还花费了大量的时间作为志愿者为当地的图书馆服务, 也时常在自己的花园里辛勤工作。

致谢

如果没有我们的编辑、好友约翰·莫里斯·迪克逊宝贵的建议和敏锐的眼光,如果没有我们天才的平面设计师德雷克·海恩,这部书将难以顺利完成。克里斯·希尔和莱斯利·赫尼布里也投入了大量的时间和精力进行研究和外出收集资料的工作。保罗·莱瑟姆与他在视觉出版集团的同事们帮助我们克服一个个困难,使本书的编写工作走上了正确的轨道。

在这里,我们已经退休的合作伙伴比尔·格罗夫(美国建筑师协会会员)也通过在冷泉港实验室项目中的工作而被提及,他为我们做出的终生贡献将与我们所做的一切产生永远的共鸣。

在下面的篇幅中,我们将向那些多年来一直给予我们帮助,让我们的生活更加丰富多彩的朋友、同事和所有合作者致以诚挚的谢意。

杰弗逊·莱利

对于这些建筑，以及蕴含在建筑之中全部的人性化理念，很多才华横溢的建筑师、顾问和工匠都做出了巨大贡献。特别要提到的有我们的加里·史迪菲塞克——具有非凡才智和创造力的结构工程师，他制作的立柱和横梁展现了惊人之美；来自天窗工作室的鲍勃·舒尔，无数精妙的雕塑、结构、喷泉水池和手工制品的背后都隐藏着他的才能；来自 R&S 建筑公司的罗博·班迪，昆尼皮亚克大学梦幻般的铜艺图案和 eMBarkerdaro 住宅屋顶的镀锌图案都出自其手；来自高性能玻璃公司的格雷·卢克，在南康涅狄格州立大学制作了看似无法完成的"纳米管"雕塑。

另外，我还要感谢森特布鲁克与我密切合作的建筑师们。特里普·怀斯是我在昆尼皮亚克大学项目中重要的助理。乔恩·拉维在接手特里普的工作之后，成为稳重而有创造性的助手，现在他已成为我们最有价值的项目负责人之一。在昆尼皮亚克大学的项目中同样展现出重要价值的还有杰伊·克莱贝克、马特·蒙塔纳、阿加莎·佩斯蒂莉、保罗·坎波斯、布莱恩·亚当斯、布莱恩·克拉夫杰克、杰夫·哥塔、肯·克利夫兰、约什·林科夫。

汉克·阿尔特曼、查尔斯·穆勒、罗格·威廉姆斯、麦克·罗萨索、安德鲁·圣阿涅洛、克里斯·沃纳特、马克·赫特尔、阿兰·帕拉迪斯、麦格·利昂斯、彼得·马耶夫斯基、埃里克·鲁贝克、雷诺·米加尼和安德鲁·萨夫兰带给我们无尽的智慧、安慰、专业知识、技艺和快乐，共同造就了艾米斯塔德教堂和教堂住宅、铺路石儿童展览馆、密西根大学、沙利文博物馆、霍奇基斯学校、海洋大厦以及南康涅狄格州立大学等重大项目。

帕特里克·麦考利是我们的内部工业设计师和工匠，由他制作的精巧的手工物件，令我们的建筑更显人性化特色。最后，我还要提到我的妻子，玛丽·M. 威尔逊，她是由芭蕾舞演员改行的建筑师，她把对舞蹈和运动的理解带入到建筑之中，使建筑在力量与魔力的影响下更具人性化。

很多杰出的客户，比如昆尼皮亚克大学的校长约翰·L. 莱希博士，从 1987 年至今，一直参与到每一个项目的每一个细节之中。如果没有他的精力、参与、畅想和见解，昆尼皮亚克大学将永远不会存在。昆尼皮亚克大学财务副总裁帕特·希利和设施部门副总裁乔·鲁贝托内也起到了同样的作用。我们与他们形成的三人组合进行紧密地合作，展开了具有创造性的工作。现在，我们正与昆尼皮亚克的萨尔·费拉尔迪进行着具有同样价值意义的合作。

还有很多其他的客户也值得一提：铺路石展览馆的基齐·普里布，一位具有非凡见解和魅力的女人；海洋大厦的查克·罗伊斯，一位具有仁爱之心、出众的领导能力和神秘直觉的男人；霍奇基斯学校的约翰·图克，他带给学校两个意想不到的建筑；南康涅狄格州立大学的鲍勃·希利和保罗·勒舍尔，他们的支持是每一名建筑师梦寐以求的。

马克·西蒙

建筑学是一门社交艺术，建筑需要众多的天才。一个建筑师更像是一名指挥家而不是作曲家。这既有乐趣，又会面临挑战，但是并不太难。我最喜爱的建筑都像是由同事、客户和建设者共同表演的音乐会，对所有的参与者我都深表谢意。

森特布鲁克一些才华出众的建筑师让我得到了很大的提升：乔恩·拉维率先投入到持久的耶鲁项目之中，巧妙熟练地指导了儿童研究中心的拜占庭风格规划方案。休·韦思参与了耶鲁的众多体育设施项目——科尔曼·海曼网球中心、耶鲁碗、里斯体育馆和詹森广场，以及耶鲁大学的刘易斯·沃波尔图书馆和政治科学模块化建筑。她以敏锐的眼光与我们分享她的建筑理念和感悟。她和雷诺·米加尼共同塑造了气氛轻松活泼的办公室。为了使乔特的宿舍细节更加完美、汉克·阿尔特曼付出了辛勤的汗水。拉塞尔·勒恩德带领我们巧妙地取得了兰卡斯特历史组织项目以及大学学院 7 个转型阶段的成功（这些还得益于凯蒂·西蒙兹、戴维·奥康纳和泰德·托利斯的精湛技艺）。这两个项目令人难忘的特色使我们的客户喜出望外。马克·赫特尔和泰德·托利斯将伯克希尔学校的贝拉斯／迪克逊中心打造成为经典建筑，让客户引以为豪，令其他的学校羡慕不已。

一次，在筹划一个由美国建筑师协会获奖建筑师组成的评审团的时候，我要求他们带上自己的客户，希望能够看到对预算或者是设计师的充耳不闻而提出的抱怨。令我惊讶的是，每一名客户都在他们喜爱的获奖项目中起到了积极的推进作用。无论是企业巨头还是低收入的贷款供房者，都一致认可设计的永恒价值。看来，要想建造一个伟大的建筑，就必须有一个伟大的客户。

因此，我十分感谢那些激励我们、赋予我们灵感并与我们积极合作的客户：耶鲁大学体育系的 A.D. 汤姆·贝凯特和芭芭拉·切斯勒。耶鲁大学设施部门的道格拉斯·德尼斯、戴维·斯伯丁、J.P. 费尔南德斯、卡里·诺德斯特罗姆，当然还有约翰·博利耶。耶鲁大学儿童研究中心的琳达·迈耶斯和她令人思念的同事——唐纳德·科恩。耶鲁大学政治科学系主任伊恩·夏皮罗，副教务长劳埃德·萨特尔，还有校长都信任我们的临时性建筑会经久耐用。怀斯·麦基·鲍威尔和刘易斯·沃波尔图书馆董事会鼓励我们快乐地将新老建筑和谐地相融。

LH.o 的汤姆·雷恩和罗宾·萨莱特精心塑造了他们的建筑，也滋润了我们的心灵。乔特的建筑委员会策划了一个令人不愿离开的学生宿舍。伯克希尔的麦克·马赫尔、彼得·莫德尔和蒂姆·福尔克制定了学校的可持续性和山地校舍的发展方向。大学的学院领导斯蒂芬·穆雷组建了特别行动组与我们共同创建敬献给教学工作的建筑，这使我们受益匪浅，并深感触动。

最后，为了保护隐私，那些私有住宅的客户在这里就不提及姓名，但是他们之中的每一位都为拥有称心如意的住宅而感到快乐和兴奋。

感谢大家，我的朋友们。

查德·弗洛伊德

我十分感激如此多的人们为这些建筑做出了多种多样的贡献。森特布鲁克是一座共同发掘的宝藏，在这里，有必要提及一些我们的同路人。他们包括休·韦思、查克·穆勒、戴维·奥康纳、安德鲁·圣阿涅洛、亚伦·艾玛、艾德·吉格尔、丹·巴特和谢丽尔·米拉多。我也将自己的妻子布伦达看作是各个方面的顶级合作者，当然也包括建筑。

对于弗洛伊德的住宅，布伦达就是一个调色盘、一个环境调查者，也是一个总承包商。在汤普森的展馆建筑中，巴克利·柯林斯、麦克·哈德纳、史蒂夫·怀特和肯·威尔逊共同为一个古老的建筑带来了喜人的创新设计。在曼彻斯特社会学院，乔纳森·多布和汤姆·巴维尔需要的一直是惊人的创意。在格林斯博罗的走读学校，校长马克·海尔提出了一些特殊的要求，并得到满足。戈登·德维特20年来一直是我的达特茅斯试金石，在这里得到了杰克·威尔逊和科奇·巴蒂·迪文斯的帮助。对于自由纪念碑，公民委员会是我们灵感的源泉。而对于布鲁克斯学校，校长拉里·贝克尔则充当了这一角色。

在康涅狄格大学的健康门诊大楼项目中，汤姆·特拉特的贡献集中在领导项目的进行，而林恩·福斯则是一位精力充沛的建设合作伙伴。在尤金·奥尼尔歌剧院，普雷斯顿·怀特威和汤姆·维尔特尔不仅具有远见，还展现了无可挑剔的判断力。在圣公会中学，首席财务官布塔·德巴茨总是令人开心愉快。在健康保健不动产投资信托公司，乔治·查普曼和杰夫·米勒表现出了敏锐的智慧，俄亥俄的同事麦克·杜克特与我们的配合也十分密切。在山坡上的鹰巢，赫伯和苏珊·阿德勒让我们感受到了无比巨大的热情。在德克萨斯的圣马克学校，阿尼·赫尔特博格和苏珊娜·汤森德则展现了体贴温暖的性情。在北卡罗来纳大学的莫德 - 盖特伍德艺术工作室大楼，设备主任弗雷德·帕特里克兢兢业业地指导着我们的工作。

在湾厅和杜伦大楼的项目中，我们要感谢奥斯汀的同事杰伊·巴内斯、汤米·科萨雷克和劳伦·古德伯格，还要对德州大学弗洛伊德·霍尔廷的精神表示感谢。在艾迪生美国艺术画廊，苏珊·法克森和迈克尔·威廉姆斯是对许多细节进行评判的关键人物。在弗洛伦斯的格里斯沃尔德博物馆，主任杰夫·安德森和董事会主席托尼·瑟斯顿是可想象得到的最为细心周到的客户和最真心的合作者。在帕尔默活动中心，我们再次有幸与杰伊·巴内斯、汤米·科萨雷克和劳伦·古德伯格合作。在小礼堂和艺术历史大楼，副校长厄尼·克劳斯令我们感到温暖，乔·贝罗让我们的工作更加轻松。在加德艺术中心，史蒂夫·西格尔成为我们最为尊敬的人物。在诺顿艺术博物馆，克里斯蒂娜·奥尔·卡哈尔成为我们勇气的原动力，也是我们亲爱的朋友。在塔山植物园，主任德雷克斯勒的幽默感让一切困难都变得微不足道。

吉姆·切尔德里斯

我一直很幸运与才能出众的团队伙伴共同工作，是他们让普通的房屋变成真正的建筑。

我们的客户也是这些团队的重要组成部分。在过去的30年里，冷泉港实验室的人们已经对我产生了深刻的影响。我将永远感激吉姆和利兹·沃森、布鲁斯·斯蒂尔曼、阿特·布林斯、迪尔·亚雷斯、戴夫·麦克罗斯、扬·维特科夫斯基、约翰·英格利斯、莱斯利·艾伦、弗兰克·鲁索、特鲁迪·卡拉布雷斯。

还有冒险雇佣我这样一个年轻建筑师的祥子秋；安科瓦学校的沙龙·劳尔和凯特·哈维兰德；NOLS（国家户外领导学校）的约翰·甘斯和全体工作人员；图书管理人员里克·福尔斯曼；BB&N的瑞贝卡·艾普汉姆、托姆·格林劳和辛西娅·韦斯特曼；芭芭拉·戈戴斯；克里夫和吉娜·拉特纳；圣路易斯的丽萨·莱尔、贝基·扬和彼得·陶；费尔菲尔德大学的大卫·弗拉西内利和吉尔·杜比；科罗拉多州博尔德的莫伦·爱迪顿、德布·康、坎比兹·哈利利和里奇·德波尔斯基；纽约亨廷顿的巴德·基恩里奇、玛吉·哈格雷夫斯和迈克尔·尚茨；康涅狄格斯坦福的汤姆·拉尔森和埃里克·库彻；JAX的约翰·菲茨帕特里克、诺姆·伯德赛尔和德布·奥唐纳；贺拉斯·曼恩学院的汤姆·凯利、格伦·谢拉特和约翰·伊戈尔。

在科罗拉多大学的工作是受益终生的经历，在此对哈尔·布鲁夫、菲尔·辛普森和比尔·德诺这些真正的建筑迷给予的大力支持表示感谢。还要对芭芭拉·本特立夫的指导、支持和友谊表示感谢。

在下面将要提到的是我在森特布鲁克的团队伙伴，他们对这些建筑的影响是极为重要的。在同来自国内各地的其他建筑师、设计师和承包商的合作中我还发现了无比的乐趣。下面列出的只是一部分——尼克·迪福，带给我们无法估量的设计影响；休·布朗多年的支持和指导；为了友谊，我向布里特·普罗布斯特、科特·考克斯和他们在丹佛戴维斯合作事务所的同事表示感谢；里克·柯布斯和杰夫·尚茨的专业技能和友谊；杰伊·巴内斯和他在奥斯汀的同事，他们都是有趣的天才；克里斯·邓恩和史蒂夫·斯廷森，我最喜欢的设计师；史蒂文·赫弗伦和克里斯托尔·麦基，他们是照明设计的天才；还有烹饪高手——吉姆和莫娜；工程师杰伊·科勒、罗里·罗南、里奇·梅代罗斯、卡尔·弗雷和劳拉·钱皮恩；伟大的建设者罗恩·坎贝尔、杜安·裴洛特、杰克·奥唐纳、鲍勃·克尔顿、吉姆·肖内西、约翰·帕里内洛和约翰·乔万诺内；吉姆·巴内斯、麦克·门斯、查克·本森和迈克尔·帕里西奥，他们的热情具有极强的感染力。

最后，还有我的女儿莎拉·戈德堡，斯克瑞伯纳出版社的助理编辑，为我提出了很多的写作建议。还有最重要的人——安·汤普森，我的妻子，也是朋友，感谢她一直以来对我的支持。丰富的沟通技巧和设计知识使她成为一名优秀的编辑。

森特布鲁克事务所成员（2001—2016）

下列建筑师、实习人员和专家及专业人员在最近的 15 年里一直与我们共同工作。我们将永远感谢他们的奉献精神、辛勤工作和非凡的才干。他们不仅使我们的事务所日益兴旺，还推动了建筑艺术的发展。没有他们，我们将会迷失方向。

Brian Adams, Associate
Seong-Il Ahn, Senior Architect
Ghalia Ajouz, Architectural Intern
Lisa Albaugh, Student Intern
John Allee, Architectural Intern
Scott Allen, Senior Architect
Hank Altman, Associate
Todd Andrews, Principal
Randy Anway, Senior Tech
Arman Bahram, Architectural Intern
Frank Balla, Senior Tech
Scott Bascom, Student Intern
Daniel Batt, Senior Architect
Jim Battipaglia, Finance
Bill Bickford, Architectural Intern
Lisa Boettger, Architectural Intern
Scott Bowen, Senior Architect
Kristen Brady, Front Office
Cheryl Brainerd, Finance
Christina Buompane, Architectural Intern
Derek Byron, Architectural Intern
Ron Campbell, Facilities Manager
Paolo Campos, Senior Architect
Julianne Cancalosi, Graduate Architect
Nick Caruso, Architectural Intern
Jill Chambers, Finance
Deborah Chapman, Front Office
Adam Cleveland, Network Administrator
Ken Cleveland, Senior Architect
Jim Coan, Director of Building Science
Bill Connolly, Director of Finance
Peter Cornell, Associate
Linda Couture, our assistant for many years
     who has backed us up through thick and thin
Jason Cunningham, Director, Public Relations
Maryam Daher, Architectural Intern
Kimberly Davies, Student Intern
Alex Davis-Booth, Architectural Intern

Margo DeLeeuw, Business Development
Todd Delfosse, Associate
Genie Devine, Publicity
Sara Dewey, Graduate Architect
Sheri Dieso, Associate
James Dixon, Architectural Intern
Sara Dodson, Architectural Intern
Brian Doherty, Student Intern
Harding Dowell, Staff Architect
Tanner Eitman, Student Intern
Wael El-Dasher, Architectural Intern
Kirk Ellis, Graduate Architect
Aaron Emma, Staff Architect
Dina Farone, Student Intern
Hugo Fenaux, Architectural Intern
Stephen Fennell, Senior Architect
Todd Ferry, Architectural Intern
Nicholas Ficaro, Senior Architect
Garret Fishman, High School Student
Jenna Fuller-Nickel, Interior Design
Mike Garner, Associate
Lynn Ginter, Reception
Frank Giordano, Staff Architect
Dan Glynn, Associate
Nicole Goetsch, Architectural Intern
Jeff Gotta, Associate
Michael Graham, Model Maker
Jane Grant, Architectural Intern
Margo Gruen, Finance
Bob Gunderson, Technology
Steve Haines, Managing Director
Robert Hall, Student Intern
Matt Halligan, Architectural Intern
Patrick Hamon, Student Intern
Michael Hart, Digital Design Coordinator
Ron Hay, Finance
Derek Hayn, Graphic Designer
Elizabeth Hedde, Associate Principal

Justin Hedde, Associate Principal
Leslie Henebry, Business Development
Mark Herter, Senior Associate
Christopher Hill, Director, Business Development
Greg Hoeft, Technician
David Holahan, Director, Public Relations
Stephen Holmes, Associate
Judy Howell, Finance
Molly Hubbs, Student Intern
Andrew Ingram, Student Intern
Kristin Irwin, Architectural Intern
Holly Jacobson, Finance
Jeff Jahnke, Senior Architect
Wendy Johnson, Senior Architect
Ed Keagle, Associate
Barbara Kehew, Shop Drawing Administrator
Anderson Kenny, Staff Architect
Matthew Kihm, Facilities
Kyle Kirkwood, Senior Architect
Jay Klebeck, Associate
Leah Kleinman, Student Intern
Emily Klien, Student Intern
Peter Kohn, Project Architect
Melissa Kops, Associate
Brian Krafjack, Associate
Milton LaPlace, Facilities
Julie Ladone, Reception
Kurt Larson, Architectural Intern
Jon Lavy, Principal
Kelly Leach, Graphic Design Assistant
Russell Learned, Senior Director
Grace Lettieri, Student Intern
Josh Linkov, Senior Architect
Tom Lodge, Senior Architect
Mike LoSasso, Senior Architect
Erik Lubeck, Senior Architect
Connor Lucey, Facilities
Meg Lyons, Associate

Anita Macagno, Senior Architect

Caren McCarty, Student Intern

Patrick McCauley, Master Model Maker

Vicki McCourt, Senior Architect

Danielle McDonough, Architectural Intern

Michael McGratten, Student Intern

Beatriz Machado, Architectural Intern

Patrick McKenna, Senior Architect

Ken MacLeod, Associate

Peter Majewski, Associate

Emily Mammen, Architectural Intern

Mark Manczyk, Student Intern

Josh Marszalek, Architectural Intern

Nancy Mathiason, Finance

Greg Mathieu, Student Intern

Benjamin Mayne, Facilities

Monica Miczko, Graphic Design Assistant

Reno Migani, Senior Associate

Ed Mikulski, Student Intern

Sheryl Milardo, Librarian/Product Resources

Uzma Mirza, Staff Architect

Margaret Molnar-Ryan, Senior Architect

Jose Monroy, Facilities

Matthew Montana, Associate

Nate Moore, Architectural Intern

Jenni Morgenthau, Staff Architect

Charles Mueller, Senior Director

Chris Nason, Project Architect

Ken Neff, Architectural Intern

Hue Nguyen, Architectural Intern

David O'Connor, Associate

Jae Oh-Johnson, Architectural Intern

Alan Paradis, Associate

Michel Pariseau, Director, Business Development

Luke Pascevich, Student Intern

Sarah Payton, Student Intern

Aarron Perlroth, Student Intern

Agatha Vastakis Pestilli, Associate

David Peters, Student Intern

David Petersen, Architectural Intern

Susan Pinckney, Interior Design

Patrick Platner, Student Intern

Brian Proctor, Technician

Mary-Lynn Radych, Associate

Becky Rahmlow, Architectural Intern

Veena Reddy, Senior Architect

Belle Richmond, Architectural Intern

James Rice, Senior Architect

C.J. Riedy, Front Office

Katie Roden Symonds, Associate Principal

Jennifer Rodriguez, Staff Architect

Britton Rogers, Senior Architect

Anna Russell, Architectural Intern

William Rutan, Master Craftsman

Andrew Safran, Associate

Evan Sale, Student Intern

Denise Sanders, Business Development

Andrew Santaniello, Associate

Susan Savitt, Shop Drawing Administrator

Brian Schoppman, Finances

John Schroeder, Senior Architect

Brian Schuch, Renderer

Anna Shakun, Staff Architect

Jennifer Shea, Staff Architect

Jinwen Shi, Student Intern

Jean Smajstrla, Associate

Karsten Solberg, Student Intern

Hyeon-Ju Son, Senior Architect

Michael Sorrano, Senior Architect

Mark Sousa, Student Intern

Alison Stewart, Student Intern

Matt Stewart, Senior Architect

John Stoddard, Architectural Intern

Victoria Su, Staff Architect

Peggy Sullivan, Senior Architect

Thomas Swanson, Student Intern

Dave Symonds, Associate

Chris Sziabowski, Architectural Intern

Laura Taglianetti, Staff Architect

Adam Tarfano, Architectural Intern

Caitlin Taylor, Associate Principal

Ricky Taylor, Technology

Mark Thompson, Senior Architect

Seaneen Thorpe, Senior Interior Designer

Steve Tiezzi, Associate

Chris Todd, Facilities

Katherine Toledano, Senior Architect

Ted Tolis, Principal

Joe Tracy, Student Intern

Aaron Trahan, Architectural Intern

Tom Tran, Staff Architect

Emmet Truxes, Student Intern

Chris Vernott, Staff Architect

Justin Wadge, Student Intern

Keith Wales, Architectural Intern

Cory Weiss, High School Student

Jordan Weiss, Student Intern

Leigh Wetmore, Reception

Carter Williams, Student Intern

Roger Williams, Associate

Dillon Wilson, Student Intern

Katherine Wilson, Architectural Intern

Mary M. Wilson, Senior Architect

Dylan Wolchesky, Student Intern

Sue Wyeth, Senior Director

Trip Wyeth, Associate

Chen Yang, Student Intern

项目版权信息

杰弗逊·莱利

莱利住宅II
Guilford, Connecticut, 1999
Project Designer and Owner:
Jefferson B. Riley

教会总部大楼和阿米斯塔德教堂
The United Church of Christ
World Headquarters
Cleveland, Ohio, 2000
Partner in Charge of Design:
Jefferson B. Riley
Key Team Members: Henry D. Altman
(Project Manager, Hotel), Michael V.
LoSasso (Project Manager, Chapel), Andrew
A. Santaniello, Peter A. Van Dusen, Jr.,
Leslie McCombs, Jonathan G. Parks,
Megan N. Gibson, Edward J. Keagle
Consulting Architects (Chapel): Valentine
J. Schute, Robert N. Wandel, Ann Vivian

铺路石儿童展览馆
Norwalk, Connecticut, 2000
Partner in Charge of Design:
Jefferson B. Riley
Key Team Members: Charles G. Mueller
(Project Architect), Michael V. LoSasso
(Project Manager), Mark Herter, Michael
R. Stoddard, Peter A. Van Dusen, Jr.

阿诺德·伯恩哈德图书馆
Quinnipiac University
Mount Carmel Campus
Hamden, Connecticut, 2000
Partner in Charge of Design:
Jefferson B. Riley
Key Team Members: Charles G. Mueller
(Project Architect), Padraic Ryan,
Hank Altman, Katherine W. Faulkner,
Anna Russell, Jennifer Lewis

卡尔·汉森学生中心及咖啡厅第三次翻新和增建
Quinnipiac University
Mount Carmel Campus
Hamden, Connecticut, 2014
Partner in Charge of Design:
Jefferson B. Riley
Key Team Members: Charles G. Mueller
(Project Architect), J. Klebeck (Project
Manager, Student Center), Matthew G.
Montana (Project Manager, Café),
Jon M. Lavy, Laura Taglianetti,
J. Andrew Safran, Anita Macagno

帕特·阿贝特校友会和花园
Quinnipiac University
Mount Carmel Campus
Hamden, Connecticut, 2004
Partner in Charge of Design:
Jefferson B. Riley
Key Team Members: Steven E. Tiezzi
(Project Manager), Joshua E. Linkov,
Jon M. Lavy, John R. Schroeder

艺术与科学学院
Quinnipiac University
Mount Carmel Campus
Hamden, Connecticut, 2001
Partner in Charge of Design:
Jefferson B. Riley
Key Team Members: Charles
G. Mueller (Project Architect),
Margaret A. Molnar-Ryan, Michael
V. LoSasso, Matthew G. Montana

艾斯特·伊斯曼音乐中心
Hotchkiss School
Lakeville, Connecticut, 2005
Partner in Charge of Design:
Jefferson B. Riley
Key Team Members: Mark A. Herter
(Project Architect), Stephen
G. Fennell (Project Manager),
Uzma Mirza, Lisa Boettger

生物质能电厂
Hotchkiss School
Lakeville, Connecticut, 2012
Partner in Charge of Design:
Jefferson B. Riley
Key Team Members: Alan D. Paradis
(Project Architect), Brian Schuch, Erik
Lübeck, Mark A. Herter (Consultant)

海洋大厦酒店
Watch Hill, Rhode Island, 2010
Client: Bluff Avenue, LLC
Partner in Charge of Design:
Jefferson B. Riley
Key Team Members: Chad Floyd (Partner
in charge of Historic Analysis), Meg Lyons
(Project Architect), Peter Majewski (Project
Manager), Erik Lübeck (Job Captain),
Nathaniel Moore, Emmet Truxes, Roger
Williams, Victoria Su, Seong Il Ahn,
Scott Allen, Kenneth Cleveland, Wael
El-Dasher, Michael Garner, Kristen Irwin,
Margaret Molnar-Ryan, Laura Taglianetti

沙利文博物馆及历史中心
Norwich University
Northfield, Vermont, 2006
Partner in Charge of Design:
Jefferson B. Riley
Key Team Members: Andrew A.
Santaniello (Co-Project Manager),
Christopher Vernott (Co-Project Manager),
Brian Adams, Katherine Wilson

TD 银行北方运动中心
Quinnipiac University
York Hill Campus
Hamden, Connecticut, 2007
Partner in Charge of Design:
Jefferson B. Riley
Key Team Members: Jon M. Lavy (Project
Architect), J. Klebeck (Project Manager),
Joshua E. Linkov, Stephen Fennell, Michael
LoSasso, Ted Tolis, Michael Garner,
Michael Stoddard, Eric Warnagiris

山景学生宿舍
Quinnipiac University
Hamden, Connecticut, 2002
Partner in Charge of Design:
Jefferson B. Riley
Key Team Members: Daniel H. Glynn
(Project Manager), Margaret A.
Molnar-Ryan, Anna M. Russell,
Matthew G. Montana, Mark A.
Thompson, Rob Adams

公共卫生学院
University of Michigan
Ann Arbor, Michigan, 2008
Partner in Charge of Design:
Jefferson B. Riley
Key Team Members: Roger U. Williams
(Project Architect), Jeffrey V. Gotta
(Co-Project Manager) Andrew J. Santaniello
(Co-Project Manager), Michael LoSasso
(Co-Project Manager), Agatha Vastakis
Pestilli, Anna Russell, Christopher Vernott,
Seong Il Ahn, Stephen Fennell,
Charles Kenny, Uzma Mirza, William
Bickford, Jennifer Rodriguez, J.
Klebeck, John Schroeder, Andrew
Ingram, Christopher Nason

新月学生宿舍
Quinnipiac University
York Hill Campus
Hamden, Connecticut, 2010
Partner in Charge of Design:
Jefferson B. Riley
Key Team Members: Jon M. Lavy
(Principal), Brian S. Krafjack (Project
Architect, Phase 1), Jeffrey Gotta
(Project Architect, Phase 2), J. Andrew
Safran, Paolo Campos, Daniel H. Glynn,
Michael Stoddard, Christopher Vernott,
Agatha V. Pestilli, Adam Tarfano, Tom
Tran, Kristen Irwin, Patrick McKenna

岩顶学生中心
Quinnipiac University
York Hill Campus
Hamden, Connecticut, 2010
Partner in Charge of Design:
Jefferson B. Riley
Key Team Members: Jon M. Lavy
(Principal), Brian Adams (Project
Architect), Nicholas Ficaro, Michael
Garner, Jeff Gotta, Sarah Dewey, J. Klebeck,
Britton Rogers, David O'Connor, Adam
Tarfano, Derek Byron, Tom Tran

医学、护理及健康科学中心
Quinnipiac University
North Haven Campus
North Haven, Connecticut, 2013
Partner in Charge of Design:
Jefferson B. Riley
Key Team Members: Jon M. Lavy
(Principal), Agatha Vastakis Pestilli
(Project Architect, Medicine and Nursing),
Jeffrey Gotta, (Project Architect,
Health Sciences), Katherine M. Symonds,
Joshua E. Linkov, Adam Tarfano,
Frank Balla, Britton Rogers, J. Harding
Dowell, James Dixon, Laura Taglianetti,
Brian Schuch, Kenneth Cleveland,
Nicholas Ficaro, Matthew Montana,
Paolo Campos, Alan Paradis,
Andrew Santaniello, Sara Dewey,
James Dixon, Adam Tarfano,
Joshua Linkov

法学院
Quinnipiac University
North Haven Campus
North Haven, Connecticut, 2014
Partner in Charge of Design:
Jefferson B. Riley
Key Team Members: Jon M. Lavy
(Principal), Brian G. Adams
(Project Architect), Kenneth E.
Cleveland (Project Manager),
Henry D. Altman, Frank Giordano,
Laura Taglianetti, Erik Lübeck,
Anna Shakun

学术科学和实验室大楼
Southern Connecticut State University
New Haven, Connecticut, 2015
Partner in Charge of Design:
Jefferson B. Riley
Key Team Members: Reno J. Migani
(Project Architect), J. Andrew Safran
(Project Manager), Laura Taglianetti,
Mary M. Wilson (Displays,
Ornamentation, and Interiors),
Erik Lübeck, Laura Taglianetti,
Brian Adams, Ted Tolis, Molly Hubbs

莱利与威尔逊的家
The Connecticut River, 2016
Project Designers and Owners:
Jefferson B. Riley and Mary M. Wilson

马克·西蒙

犹太教公园东
Pepper Pike, Ohio, 2005
Client: Park Synagogue, Anshe
Emeth Beth Tefilo Congregation
Project Designers: Mark Simon with
Edward Keagle (Project Manager)
Project Team: Matthew L. Stewart,
Reno J. Migani, Hyeon Ju Son, M. Scott
Bowen, Jennifer K. Morgenthau, Mark
A. Thompson, Stephen G. Fennell,
Uzma Mirza, John W. Stoddard, Emily
Mammen, Hue Nguyen, Nathaniel A.
Moore, Emmet Truxes, William Bickford

耶鲁大学政治科学楼
New Haven, Connecticut, 2002
Client: Yale University
Project Designers: Mark Simon and
Susan Wyeth (Project Manager)
Project Team: M. Scott Bowen, Stephen
G. Fennell, Christopher J. Bockstael,
Robert H. Adams, Josh Marszalek

大学学院，新学术翼楼，入口及艺术中心
Hunting Valley, Ohio, 2014
Client: University School
Project Designer: Mark Simon with
Russell Learned (Project Manager)
Project Team: Katherine M. Symonds (Job
Captain), James A. Coan, David O'Connor,
Patrick McKenna, Peter Majewski, Ted Tolis,
Scott Allen, Peter Cornell, Beatriz Machado,
Alan D. Paradis, Matthew G. Montana

伯克希尔学校贝拉斯−迪克逊数学与科学中心
Sheffield, Massachusetts, 2013
Client: Berkshire School
Project Designer: Mark Simon with
Mark Herter (Project Manager)
Project Team: Theodore C. Tolis (Job
Captain), Scott Allen, J. Harding Dowell

兰卡斯特历史学会，历史学校
Lancaster, Pennsylvania, 2012
Client: Lancaster County Historical Society
and the James Buchanan Foundation
Project Designer: Mark Simon with
Russell Learned (Project Manager)
Project Team: Peter Cornell, Katherine
M. Symonds, Scott Allen

小海伍德·托马斯国王中学
Stamford, Connecticut, 2004
Client: King Low Heywood Thomas School
Project Designer: Mark Simon, Steven
E. Tiezzi (Project Manager)
Project Team: Daniel H. Glynn (Job
Captain), Seong-Il Ahn, Michael V. Garner,
Anna M. Russell, Matthew L. Stewart,
Chris K. Nason, Michael A. Sorano

乔特·罗斯玛丽·霍尔学校宿舍
Wallingford, Connecticut, 2008
Client: Choate Rosemary Hall
Project Designers: Mark Simon with
Henry D. Altman (Project Manager),
Project Team: Katherine B. Wilson, Belle
Richmond, Anita Macagno Cecchetto,
Scott Allen, Derek Byron, Anna Russell,
Patrick McCauley, Mary M. Wilson

耶鲁大学科尔曼−海曼网球中心
New Haven, Connecticut, 2008
Client: Yale University
Project Designers: Mark Simon with
Susan Wyeth (Project Manager)
Project Team: Seong-Il Ahn, Kurt
Larson, Nicholas Ficaro, Tom Tran

耶鲁大学肯尼家族运动中心和詹森广场
New Haven, Connecticut, 2011
Client: Yale University
Project Designer: Mark Simon with
Susan Wyeth (Project Manager)
Project Team: Melissa A. Kops

耶鲁大学瑞茜体育场
New Haven, Connecticut, 2011
Client: Yale University
Project Designer: Mark Simon with
Susan Wyeth (Project Manager)
Project Team: Melissa A. Kops

耶鲁大学刘易斯·沃波尔图书馆
Farmington, Connecticut, 2007
Client: Yale University
Project Designers: Mark Simon with
Susan Wyeth (Project Manager)
Project Team: Mary-Lynn Radych,
Vicki S. McCourt, Erik Lübeck,
Brian G. Adams, Hue Nyugen

耶鲁大学森林与环境研究学院克鲁恩大楼
New Haven, Connecticut, 2009
Client: Yale University
Executive Architect: Centerbrook Architects:
Mark Simon (Partner in Charge), James
A. Coan (Project Manager), Theodore C.
Tolis, David O'Connor, Nick Caruso
Design Architect: Hopkins Architects: Sir
Michael Hopkins (Director), Michael Taylor
(Director), Sophy Twohig (Project Director),
Henry Kong (Project Director), Thomas
Corrie, Tom Jenkins, Andrew Stanforth, Nate
Moore, Edmund Fowles, Laura Wilsdon,
Kyle Konis, Rose Evans, Martyn Corner

投资事务所
New England, 2007
Client: Confidential
Project Designers: Mark Simon with Susan
Wyeth (Project Manager, Phase 1) and
Reno Migani (Project Manager, Phase 2)
Project Team: Matthew G. Montana,
Christopher Nason, Seong-Il Ahn,
Jennifer Fuller, Matthew Stewart, Chris
Nason, Anita Macagno Cecchetto,
Wael El-Dasher, Derek Byron

雷克伍德住宅
New England, 2009
Project Designer: Mark Simon with
Edward J. Keagle (Project Manager)
Project Team: Reno J. Migani, Emily
Mammen, Hue Nguyen, Brian Adams,
Victoria Su, Tom Tran, Kurt Larson

家庭基地
Connecticut Coast, 2004
Project Designers: Mark Simon with
Meg Lyons (Project Manager)
Project Team: Matthew L. Stewart,
Steven E. Tiezzi, Michael Sorano,
Erik Lübeck, Jennifer Fuller, Matthew
G. Montana, Roger U. Williams,
Charles G. Mueller, Jennifer Lieber

齐默尔曼的住宅
Connecticut, 2007
Project Designer: Mark Simon
Project Team: Russell Learned (Project
Manager, Construction), Christopher
Nason (Project Manager, Design),
Jennifer Morgenthau, Stephen B.
Holmes, Nathaniel Moore

沙丘中的住宅
North Carolina, 2003
Project Designers: Mark Simon with Jon
Lavy and Jeffrey Jahnke (Project Manager)

西蒙与贝拉米的家
Branford, Connecticut, 2007
Project Designer: Mark Simon
Project Team: Penelope Bellamy, Agatha
Vastakis Pestilli, Matthew L. Stewart,
Jeffrey Gotta, Emily Mammen

查德·弗洛伊德

弗洛伊德的住宅
Essex, Connecticut, 2006
Partner-in-Charge: Chad Floyd
Project Team: Nick Deaver (Project
Manager), Peter Coffin

米斯蒂克海港博物馆和汤普森展馆
Mystic, Connecticut, 2016
Partner-in-Charge: Chad Floyd
Project Team: Charles G. Mueller
(Project Manager), Susan Wyeth,
David Petersen, Aaron Emma,
Andrew Santaniello, Daniel Batt

曼彻斯特社会公共学院
Manchester, Connecticut, 2003
Client: Manchester Community College
Partner-in-Charge: Chad Floyd
Project Team: Edward J. Keagle, James R.
Martin (Project Managers), Michael V.
Garner, Gregory E. Nucci, Brian D. Proctor,
Katherine W. Faulkner, Chris Bockstael,
Daniel H. Glynn, Jennifer Rodriguez,
Richard Terrell, Reno J. Migani, Padraic H.
Ryan, Susie Nelson, Matthew G. Montana

格林斯博罗走读学校
Greensboro, North Carolina, 2015
Client: Greensboro Day School
Partner-in-Charge: Chad Floyd
Project Team: Edward J. Keagle (Project
Manager), Dan Batt, Brian Schuch
Associated Architect: CJMW Architecture

弗洛伦大学代表队大楼
Hanover, New Hampshire, 2007
Client: Dartmouth College
Partner-in-Charge: Chad Floyd
Project Team: Mary M. Wilson, Stephen
B. Holmes (Project Managers), Seong-Il
Ahn, Sara G. Dodson, Hyeon Ju Son,
John W. Stoddard, Victoria Y. Su

自由纪念碑
Prince William County, Virginia, 2006
Client: Prince William County
Partner-in-Charge: Chad Floyd
Project Team: Meg Lyons (Project Manager),
Hyeon Ju Son, Matthew G. Montana

布鲁克斯学院
North Andover, Massachusetts, 2001
Client: Brooks School
Partner-in-Charge: Chad Floyd
Project Team: Leonard J. Wyeth (Project
Manager), Mark Herter (Project Manager),
Anita Macagno Cecchetto, Henry D.
Altman, Margaret Molnar-Ryan

门诊楼
Farmington, Connecticut, 2014
Client: University of Connecticut
Health Center
Partner-in-Charge: Chad Floyd
Project Team: Ted Tolis (Project Manager),
David O'Connor, Erik Lübeck
Associated Architect: HDR, Inc: Chris
Bormann (Project Executive), Moris
Guvenis (Senior Project Manager),
Peter Carideo (Project Architect)

奥尼尔戏剧中心
Waterford, Connecticut, 2015
Client: Eugene O'Neill Theater Center
Partner-in-Charge: Chad Floyd
Project Team: Daniel Batt, Stephen
Holmes (Project Managers)

圣公会高中汤森大楼
Alexandria, Virginia, 2013
Client: Episcopal High School
Partner-in-Charge: Chad Floyd
Project Team: Edward J. Keagle (Project
Manager), Patrick McKenna, Sarah Dodson,
James A. Coan, David O'Connor, Beatriz
Machado, Charles G. Mueller, Keith
Wales, Brian G. Adams, Daniel Batt, Anna
Shakun, Sarah Payton, Brian Schuch

Welltower公司总部大楼
Toledo, Ohio, 2010
Client: Health Care REIT
Partner-in-Charge: Chad Floyd
Project Team: Andrew Santaniello
(Project Manager), David O'Connor,
Henry D. Altman, Ted Tolis
Associated Architect: Duket Architects
Planners: Michael Duket (Principal),
Jerry Voll (Project Manager), Jeffrey
K. Brummel, Gary Ashford

摩尔西斯堡中学西蒙学生中心
Mercersburg, Pennsylvania, 2014
Client: Mercersburg Academy
Partner-in-Charge: Chad Floyd
Project Team: Stephen B. Holmes (Project
Manager), Laura Taglianetti, Dan Batt, J.
Klebeck, Ken Cleveland, Mary-Lynn Radych

山坡上的鹰巢
Western Massachusetts, 2006
Partner-in-Charge: Chad Floyd
Matthew G. Montana, Anita Macagno
Cecchetto, Scott Allen, Margaret
Deleeuw, Erik Lübeck, Belle Richmond,
Steven Tiezzi, Charles G. Mueller

德州圣马克学院
Dallas, Texas, 2009
Client: St. Mark's School of Texas
Partner-in-Charge: Chad Floyd
Project Team: Stephen B. Holmes (Project
Manager), Hyeon-Ju Son, Sara Dodson, Belle
Richmond, Alan Paradis, Kyle Kirkwood
Associated Architect: The Beck
Group: Betsy del Monte (Principal),
Michael Archer, Louis Sierra
Second Associated Architect: Barnes
Gromatzky Kosarek Architects, Jay W.
Barnes (Principal), Thomas Kosarek
(Principal), Lauren Goldberg

北卡罗来纳大学莫德·盖特伍德大楼
Greensboro, North Carolina, 2006
Client: University of North Carolina
Partner-in-Charge: Chad Floyd
Project Team: Stephen B. Holmes
(Project Manager), William H. Grover
Associated Architect: Hayes, Seay, Mattern &
Mattern: Donald I. Liss, Tracy A. Atkinson,
Keith Dooley, Jay Dorfer, Rod Ququa

德州农工大学湾厅
Corpus Christi, Texas, 2005
Client: Texas A&M University
Project Designers: Barnes Gromatzky
Kosarek Architects and Centerbrook
Architects and Planners
Centerbrook Architects Project Team:
Chad Floyd (Partner-in-Charge)
Associated Architect: Barnes Gromatzky
Kosarek Architects Project Team: Jay
W. Barnes, III (Principal-in-Charge),
N. Thomas Kosarek (Principal),
Lauren Goldberg (Project Manager),
Rick Moore (Project Architect)

德克萨斯大学阿尔梅特里斯－杜伦大楼
Austin, Texas, 2007
Client: University of Texas
Project Designers: Barnes Gromatzky
Kosarek Architects and Centerbrook
Architects and Planners
Centerbrook Architects Project Team:
Chad Floyd (Partner-in-Charge)
Associated Architect: Barnes Gromatzky
Kosarek Architects Project Team: Jay
W. Barnes, III (Principal-in-Charge),
N. Thomas Kosarek (Principal),
Teresa Griffin (Project Manager), Art
Arredondo (Project Architect)

菲利普斯学院艾迪生美国艺术画廊
Andover, Massachusetts, 2010
Client: Phillips Academy Andover
Partner-in-Charge: Chad Floyd
Project Team: Edward J. Keagle
(Project Manager), David O'Connor,
Hyeon-Ju Son, Stephen B. Holmes,
Sara Dodson, Brian Schuch

弗洛伦斯·格里斯沃尔德博物馆，克里布尔画廊
Old Lyme, Connecticut, 2002
Client: Florence Griswold Museum
Partner-in-Charge: Chad Floyd
Project Team: Ted Tolis, Jean E. Smajstrla
(Project Managers), Jennifer Lieber,
Robert Oh, Peggy Velsor Sullivan,
Eric Warnagiris, Mark A. Thompson,
James C. C. Rice, Robert Adams

帕尔默活动中心
Austin, Texas, 2000
Client: City of Austin
Centerbrook Architects Project Team:
Chad Floyd (Partner-in-Charge),
James A. Coan (Project Manager)
Associated Architect: Barnes Gromatsky
Kosarek, Jay W. Barnes (Principal-in-
Charge), N. Thomas Kosarek (Principal),
Lauren Goldberg (Project Manager),
Rick Moore (Project Architect)
Second Associated Architect: Alan Y.
Taniguchi Architects, Project Team:
Evan K. Taniguchi (Partner-in-Charge),
Melody Leung (Project Manager)

科尔盖特大学小礼堂及艺术历史大楼
Hamilton, New York, 2000
Client: Colgate University
Partner-in-Charge: Chad Floyd
Project Team: Susan Wyeth (Project
Manager), Russell Learned, Charles
G. Mueller, Jennifer Lewis, Mark
Herter, Reno J. Migani, Ted Tolis

加德艺术中心
New London, Connecticut, 2000
Client: Garde Arts Center
Partner-in-Charge: Chad Floyd
Project Team: Stephen B. Holmes (Project
Manager), Matthew Conley, Susan
Nelson, Michael R. Stoddard, Megan
Gibson, William H. Grover, John Blood

诺顿艺术博物馆
West Palm Beach, Florida, 2003
Client: Norton Museum of Art
Partner-in-Charge: Chad Floyd
Project Team: Charles G. Mueller
(Project Manager), Andrew A. Santaniello
(Job Captain), Jeffrey Gotta, Christopher
M. Vernott, Ted Tolis, Steven E. Tiezzi, J.
Richard Staub, Padraic Ryan, Lucy Ciletti,
Christopher K. Nason, Todd E. Andrews,
Anna M. Russell, Daniel S. LaMontagne,
Joshua Marszalek, Mark A. Thompson,
Gregory J. Maxwell, Peggy Velsor Sullivan,
Matthew L. Stewart, William T. Bickford

塔山植物园
Boylston, Massachusetts, 2010
Client: Worcester Horticultural Society
Partner-in-Charge: Chad Floyd
Project Team: Andrew Santaniello,
Susan Wyeth (Project Managers)

吉姆·切尔德里斯

住宅和音乐工作室
Guilford, Connecticut, 2008
Project Team: Jim Childress (all projects),
Paul Shainberg (House), and Stephen
Holmes (Music Studio) with Alex
Davis Booth (Tower), Kyle Kirkwood
(Tower), Christopher Nason (Tower)

安科瓦学校
Fairfield, Connecticut, 2015
Client: Unquowa School
Project Team: Jim Childress
and Melissa A. Kops

国家户外领导学校总部
Lander, Wyoming, 2002
Client: National Outdoor Leadership School
Project Team: Jim Childress and Tom Lodge
with Chris Dunn, Jeffrey Gotta, Peggy
Sullivan, Susan Pinckney, Wendy Johnson

河床花园
Essex, Connecticut, 2015
Project Team: Jim Childress
and Ann Thompson

森特布鲁克建筑师讲座系列
One of many programs presented
by the Essex Library Association
Project Team: Ann Thompson
and Jim Childress

科罗拉多大学健康科学中心图书馆
Aurora, Colorado, 2007
Client: University of Colorado
Health Science Center
Centerbrook Architects and Davis
Partnership Architects
Centerbrook Project Team: Jim
Childress and Stephen Holmes with
Lisa Boettger, Mark Thompson
Davis Partnership Project Team: Brian
Erickson with John Worgan, Eric
Crotty, Anthony Mitchell, Lynn Moore,
Kevin O'Keefe, Alexander Person,
Kristin Sinclair, Deborah Willier

白金汉-布朗和尼克尔斯学校
Cambridge, Massachusetts, 2006
Client: Buckingham Brown & Nichols
Project Team: Jim Childress, Russell
Learned, Nick Deaver, and Steve Stimson
with Margaret Molnar-Ryan, Wael El-
Dasher, Scott Allen, Lisa Boettger, Maryam
Daher, Christopher Vernott, Brian Adams,
Mark Herter, Belle Richmond, Alex Davis
Booth, Mary-Lynn Radych, Tom Tran

冷泉港实验室，山坡研究实验室
Cold Spring Harbor, New York, 2010
Client: Cold Spring Harbor Laboratory
Project Team: Bill Grover, Jim Childress and
Todd Andrews with Kenneth MacLeod, Trip
Wyeth, Matthew Stewart, Lisa Boettger, Vicki
McCourt, Sara Dodson, Maryam Daher

冷泉港实验室，尼克尔斯-比昂迪大厅
Cold Spring Harbor, New York, 2015
Client: Cold Spring Harbor Laboratory
Project Team: Jim Childress and Todd
Andrews with Kenneth MacLeod

冷泉港实验室，赫尔西实验室
Cold Spring Harbor, New York, 2012
Client: Cold Spring Harbor Laboratory
Project Team: Jim Childress and Todd
Andrews with David Symonds, Peter
Cornell, Kenneth MacLeod, Kurt Larson

冷泉港实验室，图书馆及档案室
Cold Spring Harbor, New York, 2010
Client: Cold Spring Harbor Laboratory
Project Team: Bill Grover, Jim Childress,
and Todd Andrews with Kenneth
MacLeod, Brian Schuch, Daniel Batt,
David Symonds, Vicki McCourt

费尔菲尔德博物馆和历史中心
Fairfield, Connecticut, 2008
Client: Fairfield Museum
Project Team: Jim Childress and Stephen
Holmes with Margaret Molnar-Ryan,
Mark Thompson, Sara Dodson

哈里森住宅
Harrison, New York, 2009
Project Team: Jim Childress and Stephen
Holmes with Jenni Morgenthau, Michael
Stoddard, Theodore C. Tolis, Sarah
Weinkauf, James Rice, Michael Garner

玛丽学院和圣路易斯走读学校
Saint Louis, Missouri, 2014
Client: Mary Institute and Saint
Louis Country Day School
Project Team: Jim Childress and Todd
Andrews with David Symonds, Brian
Krafjack, Mark Herter, Scott Allen,
Nicholas Ficaro, Ken Cleveland,
Paolo Campos, Jennifer Shea,
Kenneth Macleod, Justin Hedde

费尔菲尔德大学贝拉明博物馆
Fairfield, Connecticut, 2010
Client: Fairfield University
Project Team: Jim Childress and
Stephen Holmes with Andrew Safran,
Derek Byron, Wael El-Dasher

赫克歇尔艺术博物馆
Huntington, New York, 2006
Client: Heckscher Museum
Project Team: Jim Childress with
Jeff Gotta, Lisa Boettger

公司办公室
Stamford, Connecticut, 2010
Project Team: Jim Childress, Melissa
Kops, and Stephen Holmes with
Kenneth MacLeod, David Symonds

科罗拉多大学沃尔夫法学院大楼
Boulder, Colorado, 2007
Client: University of Colorado
Centerbrook Architects and Davis
Partnership Architects
Centerbrook Project Team: Jim Childress,
Jon Lavy, and Nick Deaver with
Christopher Vernott, Christopher Nason
Davis Partnership Project Team: Brit Probst
and Curtis Cox with Jack Mukavetz, Jimmy
Schumacher, Lynn Moore, Lance Klein

科罗拉多大学社区中心
Boulder, Colorado, 2010
Client: University of Colorado
Centerbrook Architects and Davis
Partnership Architects
Centerbrook Project Team: Jim Childress,
Roger Williams, David Symonds, and
Nick Deaver with Scott Allen, Sara
Dodson, Peter Kohn, Chris Sziabowski,
Matthew Stewart, James Coan, Bill Grover,
Lisa Boettger, Kenneth Cleveland, Kyle
Kirkwood, Peter Cornell, J. Harding Dowell
Davis Partnership Project Team: Brit
Probst and Curtis Cox with Lynn Moore,
Jimmy Schumacher, Tony Thornton,
Deborah Willier, Janette Ray, Cynthia
Steinbrecher, Jennifer Henry, Paul Garland,
Meg Rapp, Jin Park, Brandon Williams,
Drew Leeper, Chris Silewski, David
Ortiz, Jason Sampson, Laren Sakota

杰克逊基因组医学实验室
Farmington, Connecticut, 2014
Client: The Jackson Laboratory
Centerbrook Architects and
Tsoi/Kobus & Associates
Centerbrook Project Team: Jim Childress
and Andrew Santaniello with Beth
Hedde, Scott Allen, Justin Hedde, Paolo
Campos, Jeff Gotta, Keith Wales
Tsoi/Kobus & Associates Project Team:
Rick Kobus, Steve Palumbo, Alan Fried,
Blake Jackson, Jennifer Mango, Chu
Foxlin, Keisy Marquez, Kristen Kendall

贺拉斯·曼恩学院约翰·多尔自然实验室
Washington, Connecticut, 2012
Client: Horace Mann School
Project Team: Jim Childress and Sheri
Bryant Dieso with Anita Macagno, Scott
Allen, Peter Kohn, Brian Schuch

三位一体与石灰岩
Lakeville, Connecticut, 2004
Project Team: Jim Childress
with Anita Macagno

图片版权信息

杰弗逊·莱利

马克·西蒙

查德·弗洛伊德

建筑中的隐喻
Manhattan Rare Books: 198 (The Waste Land, spine and cover)
Simon Fieldhouse/Wikimedia: 198 (T.S. Eliot)

河畔漫步
Essex Historical Society: 200 (woodcut by John Warner Barber)
Jeff Goldberg/Esto: 201, 202, 203
The Stobart Foundation: 201 (Natchez: The "Robert E. Lee"
Arriving at Natchez, "Under the Hill" 1882)
Library of Congress/Wikimedia : 201
(Riveboats at Memphis/Mississippi River Landing)
Unknown photographer: 202 (J.M. White, stairway entrance)
Yukon Archives, University of Alaska Archives
photograph collection: 202 (S.S. Susie)

大海的形状
Jeff Goldberg/Esto: 204, 205, 206, 207, 208, 209
Derek Hayn: 206
Anthony Morris Photography/Spirit Yachts: 208 (boat hull)
NOAA/Wikimedia: 208 (breaking wave)
Circe Denyer/PublicDomainPictures.net: 208
(Nautilus cutaway shell)
Peggy Marco/Pixabay: 208 (sailboat)

中世纪的曼彻斯特
Jeff Goldberg/Esto: 210, 211, 212, 213
Chensiyuan/Wikimedia: 210 (Carcassonne aerial 2016)
Rostislav Ageev/Shutterstock: 212 (entry portal, Carcassonne)
Steve Lakatos: 212
Christopher Hill: 213 (Cinderella's Castle)
Hemis/Alamy: 213 (Christmas market, Strasbourg Cathedral)

阿帕奇要塞
Derek Hayn: 214, 215, 216, 217
Ed Berg/Wikimedia: 214, 215 (Fort Apache)

比武场
Jeff Goldberg/Esto: 218, 219
Wikipedia, Public Domain: 218 (King Henry VII
jousting for Queen Catherine of Aragon)
Don Nieman: 219 (Saratoga Race Course awnings)

庄严的致敬
Master Sargent Ken Hammond, USAF/
Wikimedia: 220 (The Pentagon)
Jeff Mock/Wikimedia: 220 (Twin Towers)
Centerbrook: 220, 221
Jeff Goldberg/Esto: 221

海湾州的哈利·波特
Jeff Goldberg/Esto: 222, 223
Chensiuyan/Wikimedia: 222 (Christ Church College banquet hall)
A.P.S.(UK)/Alamy: 223 (Christ Church College aerial)

到达点
Derek Hayn: 224, 225
AECOM: 224 (Tom Bradley Airport arrival rendering)

康涅狄格的野营集会
Derek Hayn: 226, 227, 228, 229
Library of Congress: 226 (Methodist campground)
Deb Cohen/The Front Door Project: 226
(Oak Bluffs, Martha's Vineyard)
Chad Floyd: 229

缺少立柱的杰弗逊风格
Jeff Goldberg/Esto: 230, 231, 232, 233
Episcopal High School: 230 (Hoxton House)
Jill Lang/Shutterstock: 230 (Thomas Jefferson's Poplar Forest)
Martin Falbisoner/Wikimedia: 232 (Thomas Jefferson's Monticello)

罗马风情
Centerbrook: 234
Duket Architects Planners: 234
Joseph Hilliard/Hilliard Photographics: 235
Brad Feinkopf: 236, 237
Giovanni Paolo Pannini/Wikipedia: 237 (Pantheon)

学生的田园生活
Centerbrook: 238 (before)
Museo di Firenze com'era/Public Domain: 238 (La
Petraia Villa, fresco in lunette, artimino)
Jeff Goldberg/Esto: 239, 240, 241
VLADJ55/Shutterstock: 241 (Villandry)

山坡上的鹰巢

Jeff Goldberg/Esto: 242, 243, 244, 245, 246, 247
Claudio Giovanni Colombo/Shutterstock: 245
(Spello, Perugia, Umbria)
Cheng Shouqi/China Heritage Fund: 246 (Jianfu Palace
Museum, the Forbidden City, Beijing, China)

德克萨斯方庭

U.S. Marine Corps: 248: (Marine Barracks, Washington, D.C.)
Michael Archer/The Beck Group: 248
Charles Davis Smith: 249

艺术工厂

Unknown photographer/Wikimedia: 250
(Machine Hall, Bethlehem Shipbuilding, De Stijl, 1920)
Adam Jones/Flicker: 251 (Manufaktura Shopping Center,
Former Textile Factory, Lodz, Poland)
Jeff Goldberg: 251, 252, 253, 254, 255

学术成就大厅

Jeff Goldberg/Esto: 256, 257
Derek Hayn: 256 (Metropolitan Opera House)

奥斯汀的融合建筑

Jeff Goldberg/Esto: 258, 259
David Sucsy/iStockphoto: 258 (UT Austin Forty Acres)
Yale OPA: 259 (Yale residential colleges aerial)
Nick Allen/Wikimedia: 260 (Branford Court, Yale University)
Adam Middleton/Shutterstock: 260 (view through Cambridge gate)
Leonard G. Lane, Jr.: 261 (Holland Hotel)

神秘的幕布

iWeiss Theatrical Solutions: 262 (theatrical scrim)
Jeff Goldberg/Esto: 263, 264, 265

谷仓、河流与吉玛尔

Jeff Goldberg/Esto: 266, 267, 268
The New England Barn Company, LLC: 266
(Barn constructed by the New England Barn Company, LLC)
Sean Flynn, courtesy of the Florence Griswold Museum: 266
(Lieutenant River)
Moonik/Wikimedia: 267 (entrance to Porte Dauphine metro station)
Derek Hayn: 268–269

大帐篷

Centerbrook/Barnes Gromatsky Kosarek: 270 (rendering)
Barnes Gromatsky Kosarek: 270 (workshop)
Andrew Dunn/Wikimedia CC: 270 (Billy Smart's Circus, Cambridge)
Jeff Goldberg/Esto: 271, 272, 273, 275
Ruhrfisch/Wikimedia: 272 (Leonard Harrison State Park)
Unknown photographer/Wikimedia: 273 (Brännjärn
Strömsholm, branding iron from Swedish stallion depot)
Dennis Ivy: 273
Christopher Sherman: 274
Ellie Hopkins Brown: 274 (Austin mural)
Chad Floyd: 274 (bas relief detail)
Thomas McConnell: 275

拉萨白板

Jeff Goldberg/Esto: 276, 277, 278, 279
Steve Cadman/FlickerCC: 276 (Glasgow School of Art)
Antoine Taveneaux/Wikimedia: 277 (Potala Palace)

摩洛哥大杂烩

Jeff Goldberg/Esto: 280, 281, 282, 283
Mypokcik/Shutterstock: 281 (Moroccan palace interior)

正午时分的绿洲

Jeff Goldberg/Esto: 284, 285, 286, 287, 288, 289
Luca Galuzzi/Wikimedia: 284 (Ubari Lakes)
Nito/Shutterstock: 286 (Gardens of Alhambra)
Rich Carey/Shutterstock: 287 (sunlight in underwater cave)

罗马假日

Valeria73/Shutterstock: 290 (Hadrian's Villa)
Jeff Goldberg/Esto: 291, 293
Dllu/Wikimedia: 292 (Phipps Conservatory)
Oliver-Bonjoch/Wikimedia: 292 (Durham Cathedral)
Troy Thompson: 293 (Limonaia)

吉姆·切尔德里斯